Luiz Gustavo Batista Ferreira

Tópicos emAgricultura conservacionista

Luiz Gustavo Batista Ferreira

Tópicos emAgricultura conservacionista

ScienciaScripts

Imprint

Any brand names and product names mentioned in this book are subject to trademark, brand or patent protection and are trademarks or registered trademarks of their respective holders. The use of brand names, product names, common names, trade names, product descriptions etc. even without a particular marking in this work is in no way to be construed to mean that such names may be regarded as unrestricted in respect of trademark and brand protection legislation and could thus be used by anyone.

Cover image: www.ingimage.com

This book is a translation from the original published under ISBN 978-620-8-06419-8.

Publisher:
Sciencia Scripts
is a trademark of
Dodo Books Indian Ocean Ltd. and OmniScriptum S.R.L publishing group

120 High Road, East Finchley, London, N2 9ED, United Kingdom
Str. Armeneasca 28/1, office 1, Chisinau MD-2012, Republic of Moldova, Europe
Printed at: see last page
ISBN: 978-620-8-34042-1

Índice

CAPÍTULO I:
Matéria Orgânica do Solo (MOS)

A matéria orgânica do solo é um material orgânico total existente no solo em qualquer fase de decomposição e síntese microbiana. Foi dividida em cinco partes: Lixo; fração leve; biomassa microbiana; substâncias orgânicas solúveis em água e substâncias húmicas (substâncias complexas, de alto peso molecular). Um dos principais métodos para incorporar matéria orgânica no sistema de produção de culturas é: Cobertura permanente do solo; diversificação de culturas no campo e mobilização mínima do solo ou nenhuma mobilização.

A matéria orgânica é um dos principais componentes do sistema de produção conservacionista. A matéria orgânica do solo é responsável por contribuir de forma eficiente para os atributos físicos, químicos e biológicos do solo. Físicos, pois a matéria orgânica melhora a estrutura do solo; químicos, pois disponibiliza íons para a solução do solo, além de contribuir com o teor de carbono orgânico e a CTC (capacidade de troca catiônica); e biológicos, por melhorar a atividade microbiana do solo.

A matéria orgânica do solo é o maior reservatório de carbono terrestre, sem considerar as reservas fósseis (SWIFT, 2001). Mais de 58% da matéria orgânica é constituída por carbono orgânico (C_{org}).

A matéria orgânica tem uma importância fundamental para todos os componentes do solo/campo:

Física: A matéria orgânica é um agente cimentante das partículas do solo, principalmente da argila (lembrando que o solo é composto basicamente de areia, silte e argila). A matéria orgânica beneficia a estrutura do solo, formando agregados maiores, beneficiando o desenvolvimento radicular das plantas cultivadas e melhorando a retenção de água e nutrientes;

Química: A matéria orgânica desempenha um papel crucial na química do solo, especialmente nos solos brasileiros, que são na sua maioria tropicais e altamente intemperizados, com uma constituição mineralógica 1: 1 e têm baixas cargas

2

negativas. A matéria orgânica representa mais de 70 % da CEC (capacidade de troca catiónica) dos solos brasileiros pela dissociação de grupos fenólicos e carboxílicos da matéria orgânica;

Biologia: A matéria orgânica é relevante para a biologia do solo, pois contribui para o desenvolvimento da microbiota do solo, além de favorecer a atividade enzimática do solo;

Reduz a poluição do solo: matéria orgânica complexa tóxica para as plantas cultivadas, como o alumínio permutável;

Contribui para a conservação do solo: A utilização de resíduos como cobertura morta contribui para o controlo da erosão do solo (eólica ou hídrica) e aumenta o teor de matéria orgânica;

Evita a adsorção de fósforo nos solos: Um dos principais problemas de fertilidade do solo no Brasil é a adsorção do fósforo, que se torna indisponível para as plantas cultivadas. No sistema de plantio direto, o teor de matéria orgânica é alto e, com isso, os compostos orgânicos da matéria orgânica complexam os óxidos de Fe e Al, impedindo a adsorção de P no solo;

O teor da matéria orgânica do solo pode variar consoante os agentes externos. São eles:

Tempo: Bayer e Mielczuck (1999) concluíram que os anos de cultivo reduzem o teor de matéria orgânica;

Clima: Para Burke et al. (1989) quanto maior o índice de precipitação, maior o teor de matéria orgânica. Esta é uma das razões pelas quais a região sul do estado do Paraná (Brasil) apresenta maior teor de matéria orgânica em relação ao norte do estado. Outro motivo é que em regiões mais frias (menor temperatura média), os solos possuem uma capacidade significativa de carrear resíduos vegetais, estabelecendo maior recalcitrância da matéria orgânica (BAYER; MIELNICZUC, 2008);

Vegetação/culturas: Testa el al. (1992) afirmam que os solos com cobertura vegetal têm maior teor de matéria orgânica do que os solos não cobertos. Na vegetação natural (bosques) o teor de matéria orgânica é sempre mais elevado em relação à área cultivada, uma vez que só as florestas naturais têm teores de matéria orgânica mais elevados do que os solos de qualidade sem mobilização;

Topografia: Quanto maior for o declive, menor será o teor de carbono orgânico do sítio;

Tipo de solo/textura: Os solos predominantemente argilosos têm um teor de matéria orgânica mais elevado do que os solos de textura média;

Sistemas de culturas (convencionais ou conservacionistas): Talvez a variável chave no conteúdo de matéria orgânica. Basicamente, a gestão convencional da fertilidade do solo tem níveis mais baixos de matéria orgânica, ao passo que o plantio direto tem maior teor de matéria orgânica. Embora a matéria orgânica possa ser influenciada por elementos externos, como o tempo, o clima, a topografia e o tipo de solo, pode ser incorporada no solo, através do sistema de plantio direto.

Os benefícios físicos, químicos e biológicos trarão produtividade associada à preservação do meio ambiente, resultando em um manejo conservacionista do solo concebido com sucesso.

Assim, a gestão agrícola que pode ser concebida para incorporar carbono orgânico no solo é relevante para os agricultores. Uma das principais estratégias conhecidas foi criada pelo Instituto Agronómico do Paraná, Brasil (IAPAR), que utiliza a diversificação de culturas e mais plantas para aumentar o teor de matéria orgânica.

Outra estratégia para aumentar o estoque de carbono orgânico do solo é a incorporação de calcário na superfície, pois isso aumenta o potencial hidrogeniônico, que por sua vez aumenta a ação dos microorganismos que decompõem a matéria orgânica, aumentando a mineralização da matéria orgânica, o que faz com que as raízes aumentem, aumentando o aporte de carbono no sistema.

É de notar que a calagem aumenta o teor de carbono orgânico, não por si só (que tem uma pequena quantidade de C_{org}), mas contribuindo para o desenvolvimento radicular das culturas. Outro benefício da calagem para o C_{org} é o facto de aumentar a recalcitrância da matéria orgânica, devido às pontes catiónicas estabelecidas pelo Ca^{2+}.

Além disso, do IAPAR, um dos mais respeitados nomes da química aplicada à agricultura no Brasil, o Dr. Mário Miyazawa concluiu que a matéria orgânica complexa é a acidez trocável do solo, fornecendo nutrientes para as culturas, como o "Ceará", cultivar de feijão cultivado em plantio direto, que tem capacidade de complexar o alumínio trocável (Al^{3+}), como citrato, tartarato e gluconato.

O manejo técnico conservacionista requer o aumento da matéria orgânica do solo. A matéria orgânica é o principal indicador da qualidade do solo e pode ser um parâmetro a ser avaliado na sustentabilidade do sistema de produção (MIELNICZUK, 1999), pois a distribuição relativa das frações da matéria orgânica como indicador da mudança de manejo do solo ou da qualidade ambiental é apoiada pelos estudos de Kononova (1982), Schnitzer; Khan (1978) e Schnitzer (1991).

A conversão de um sistema de cultivo convencional para um sistema conservacionista não é fácil e exige muito empenho, conhecimento técnico e longo prazo. Nesse contexto, os autores Canellas et al. (2003) demonstraram os resultados comparativos do manejo convencional e do manejo conservacionista na cana-de-açúcar. Canellas et al. (2003) indicam que a vinhaça é uma alternativa relevante para aumentar o teor de C_{org} do solo, em estudo realizado pelos autores.

A cana-de-açúcar é considerada um dos principais produtos agrícolas do Brasil, sendo cultivada desde a época da colonização, apresentando grande importância, tanto social quanto econômica (MOURA et al., 2005).

A colheita convencional dessa cultura é tradicionalmente feita com o uso da queimada, prática que elimina a palha densa, facilitando o corte manual dos colmos (LUCA et al., 2008).

No entanto, este sistema causa efeitos negativos no ambiente, como a libertação de elevadas concentrações de CO_2 e outros gases para a atmosfera, acelerando o aquecimento global e diminuindo os níveis de matéria orgânica.

Para eliminar os efeitos das queimadas sobre o meio ambiente, foi desenvolvido o sistema de colheita de cana crua, que contribui para o acúmulo de resíduos vegetais na superfície, mantendo o solo sempre coberto, promovendo o aumento de seus estoques de carbono orgânico total (PANOSSO et al., 2009).

As pressões sociais para reduzir a emissão de CO_2 e de partículas sólidas nas áreas urbanas intensificaram a colheita da cana-de-açúcar sem a queima da palha (RIO DE JANEIRO, 1992).

Estudos desenvolvidos por Silva (2006) mostraram que os teores de carbono orgânico total são responsáveis pela manutenção da estabilidade dos agregados do solo, demonstrando a importância da deposição contínua de resíduos orgânicos para manter a estrutura adequada para as plantas (VASCONCELLOS et al., 2010).

A manutenção da palhada pode beneficiar o solo e amenizar os efeitos nocivos da poluição atmosférica (BALDOTTO et al., 2008), além disso, promover uma redução nas ações de mobilização do solo, evitando alterações em suas propriedades físicas (SOUZA et al., 2005) resultando em vantagens produtivas sustentáveis (econômicas, ambientais e agrícolas), além de conferir um maior índice de qualidade do solo, fato que reflete diretamente no cultivo e manejo da cana-de-açúcar, bem como no manejo da matéria orgânica (CANELLAS, 2003).

A palhada, descrita no trabalho de Canellas et al. (2003), é conhecida na literatura como o material deixado no campo após a colheita mecanizada, composto por palha (verde e seca), solo, plantas daninhas, ponteiros e raízes (TUFAILE NETO, 2005).

Estudos recentes indicam que a permanência da palha no campo permite o seqüestro de 1,5 tonelada de carbono por ano e uma emissão evitada de metano de 0,05 tonelada de carbono por ano (CERRI, 2004), além de promover alterações nos atributos químicos, físicos do solo e efeitos biológicos, provocando mudanças na temperatura e umidade do solo (DOURADO NETO et al., 1999), densidade do solo (TOMINAGA et al., 2002), taxas de infiltração e estabilidade de agregados (GRAHAM et al., 2002).

A literatura discute os princípios que afetam a dinâmica do nitrogênio no solo, aumentando a imobilização do N pelos microorganismos do solo após a adição de resíduos com alta relação C/N, e a disponibilidade do nitrogênio contido na palha para absorção pela planta (BASANTA et al., 2003; GAVA et al., 2005).

A relação C/N (carbono / azoto) é uma relação muito importante na gestão da conservação. Os microrganismos do solo absorvem 30 partes de carbono para 1 parte de azoto (relação C/N). Do total de carbono disponível para os microrganismos do solo, apenas 1/3 é incorporado no seu protoplasma e 2/3 é perdido sob a forma de CO_2 . Por cada 10 partes de carbono que os microrganismos utilizam no seu protoplasma, apenas 1 parte de azoto é utilizada nas suas estruturas, tendo uma relação estável que seria de 10: 1 C/N.

Considerando que em 100 kg de matéria orgânica, 52% é o teor de carbono, os microrganismos utilizarão 17,3% do C nas suas estruturas e 34,7% perder-se-ão sob a forma de CO_2 . Para o azoto, o teor recomendado de estabilização C/N de 10:1 seria de 1,73% de N.

Caso a relação C/N seja alta (80:1, por exemplo), acontece que os microrganismos atacam o carbono, reduzindo a relação C/N e reciclam o N de outros microrganismos que estão morrendo. Ocorre que, além de reciclar o N, os microrganismos "tomam emprestado" N do solo na forma nítrica ou amoniacal, caracterizando o processo de imobilização microbiana do nitrogênio. Na fase de húmus, os microrganismos "devolvem" o N emprestado e este se torna mineralizado e disponível para as plantas cultivadas como NO^{-3} ou NH^{4+} .

Com uma relação C/N de 60: 1 a 33: 1, o N é imobilizado na forma orgânica e as raízes não estão disponíveis. Para a bioestabilização, o tempo estimado é de cerca de 30 a 60 dias. Entre a relação C/N de 33:1 a 17:1 não há nem mineralização (N disponível) nem imobilização (N orgânico não disponível). A partir da relação C/N de 17: 1, o N estará disponível para as plantas. Se a relação C/N for demasiado baixa (5: 1), os microrganismos utilizam todo o carbono e o N perde-se sob a forma amoniacal.

Uma das principais formas de equilibrar a relação C/N é a implementação do Sistema de Plantio Direto. No entanto, não é um procedimento rápido. Os resultados só serão notados dentro de 4-5 anos. A rotação de culturas também é uma forma interessante para a relação C/N. Após 5 anos, devido à relação C/N, haverá uma maior mineralização do N, que estará prontamente disponível para as plantas cultivadas, especialmente para o milho, de modo que não serão necessários fertilizantes nitrogenados que poluem o sistema, pois o N estará disponível naturalmente, por assim dizer. Basta ter o conhecimento e a vontade de aplicar o conceito conservacionista. É por isso que a agricultura de conservação é eficiente para a economia e para o ambiente ao mesmo tempo.

Considerando a relação C/N, os autores Skjemstad et al. (1999) afirmam que ao interferir na dinâmica do N, interfere também na dinâmica do carbono do solo, aumentando o teor de ácidos húmicos - AH, da matéria orgânica.

Para avaliar as alterações no solo em diferentes manejos após 6 a 9 anos de implantação, Nobre et al. (2003) compararam os atributos do solo em locais com cana colhida sem queima e cana queimada. O carbono orgânico aumentou em 4 mg. ha^{-1} nos tratamentos com palha de cana-de-açúcar (tratamento sem queima) quando comparado ao tratamento com queima após um período de 9 anos.

O impacto da gestão de resíduos na matéria orgânica do solo também pode ser avaliado pela biomassa microbiana do solo (DALAL, 1998; HARTEMINK, 2008), que é considerada um indicador sensível de alterações na gestão de resíduos (SPARLING, 1992).

De acordo com Jarecki e Lal (2003), as práticas de manejo conservacionista no sistema de produção, além de modificar a quantidade e a qualidade da matéria orgânica, também são capazes de aumentar o sequestro de carbono no solo (FREIBAUER et al., 2004).

O carbono chega ao solo de duas formas específicas: através da meteorização das rochas, no entanto, apenas uma pequena fração de carbono orgânico é incorporada no solo por esta via; a segunda é através da fotossíntese, uma vez que as espécies vegetais sequestram o carbono da atmosfera. A agricultura de conservação é considerada um sistema de gestão promissor para aumentar as reservas de C nos solos agrícolas (SMITH et al., 2005).

A matéria orgânica pode ser dividida em duas fracções: matéria orgânica viva e matéria orgânica não viva (STEVENSON, 1984). A matéria orgânica leve ou particulada representa de 10 a 30% do carbono orgânico total do solo e corresponde à matéria orgânica recentemente adicionada ao solo, em estágios iniciais variáveis de decomposição e com tamanho de partícula maior que 53µm (CAMBARDELLA; ELLIOT, 1992).

Essa fração é facilmente decomposta e pode ser considerada um bom indicador de mudanças no manejo do solo e dos resíduos (ROSCOE; MACHADO, 2002), como mostram Canellas et al. (2003) em seu trabalho. Outros autores mostraram que esta fração tem uma grande sensibilidade em função da gestão do solo e da qualidade dos resíduos orgânicos introduzidos no solo (PORTUGAL et al., 2008).

As substâncias húmicas contribuem com cerca de 90 % da reserva total de carbono orgânico dos solos minerais e representam o principal compartimento da matéria orgânica do solo, constituindo a grande reserva orgânica do solo.

As substâncias húmicas constituem o compartimento mais reativo da matéria orgânica, estão envolvidas na maioria das reacções químicas do solo e, uma melhor compreensão da sua natureza e dos factores que governam a sua estabilização, ajudará na procura de práticas de gestão do solo que contribuam para a sua preservação.

A formação das substâncias húmicas é caracterizada por um processo complexo baseado na síntese e/ou ressíntese dos produtos da mineralização dos compostos orgânicos que chegam ao solo. A literatura simplifica as diversas vias de humificação em dois mecanismos: preservação seletiva de biopolímeros e policondensação de pequenas moléculas (CAMARGO et al., 1999).

Estas transformações incluem um conjunto de reacções de oxidação, hidrólise, descarboxilação e condensação que são influenciadas pelas condições do solo, como o tipo de argila, o potencial hidrogeniónico e o teor de bases (ZECH et al., 1997).

Assumindo qualquer uma das várias possibilidades para o processo de estabilização dos compostos orgânicos no solo, os ácidos húmicos representam a fração intermédia entre a estabilização dos compostos por interação com a matéria mineral (huminas) e a ocorrência de ácidos orgânicos oxidados livres na solução do solo (ácidos fúlvicos livres ou associados).

Canellas et al. (2003) afirmam que os ácidos húmicos podem ser considerados um marcador natural do processo de humificação e reflectem tanto a génese como as condições de gestão do solo.

Para os autores, os solos temperados naturalmente férteis apresentam teores relativos de ácidos húmicos mais elevados e uma relação C_{HA} (ácido húmico) / C_{FA} (ácido fúlvico) superior a 1,0 (KONOVA, 1982).

A fração orgânica dos solos tropicais é dominada por huminas, e tanto a intensa mineralização de resíduos quanto as restrições edáficas à atividade biológica fazem com que a relação C_{HA} /C_{FA} apresente valores inferiores a 1,0 (DABIN, 1981; ORTEGA, 1982). CANELLAS et al., 2000).

De acordo com Kononova (1982), os valores do rácio C_{HA} /C_{FA} para solos temperados variam entre 0,7 e 2,5. Em geral, o baixo teor de bases trocáveis nos solos mais intemperizados diminui a intensidade dos processos de humificação (CANELLAS et al., 2003) e a relação C /C_{HAFA} é menor. Em regiões de altas temperaturas, solos com mobilização excessiva e submetidos a queimadas sofrem redução nos teores de matéria orgânica (ALEXANDER, 1977).

O teor de carbono do solo está diretamente relacionado com a taxa de adição de resíduos orgânicos. Embora os problemas de fertilidade possam ser resolvidos a curto prazo com a adição de fertilizantes solúveis, as alternativas de gestão que preservam o teor de carbono do solo garantem bons rendimentos a longo prazo.

Trabalhos anteriores relatam o efeito do cultivo contínuo da cana-de-açúcar sobre as propriedades químicas dos solos, com diminuição considerável da SB - soma de bases (CERRI et al., 1988) ou, dependendo do manejo adotado, aumento de sua fertilidade (SILVA; RIBEIRO, 1998).

Canellas et al. (2003) admitem que o uso de resíduos industriais, como a vinhaça, já é rotina em muitas regiões canavieiras do país, com notáveis aumentos na produção de cana-de-açúcar (ORLANDO FILHO et al., 1983).

Vários pesquisadores observaram alterações nas propriedades de solos que receberam vinhaça. Leal et al. (1983), Camargo et al. (1984) e Sengik et al. (1988), e, em áreas não queimadas, por Mendoza et al. (2000). Nestes estudos, foi considerado um tempo relativamente curto para a adoção destes sistemas de gestão do solo.

Canellas et al. (2003) coletaram amostras de um Cambissolo Háplico Eutrófico de vértice foram coletadas em duas áreas localizadas em Campos dos Goytacazes, Rio de Janeiro, Brasil (RAVELLI NETO, 1989).

As amostras de solo foram colhidas em ambas as áreas em fevereiro de 2001, a duas profundidades (0-0,20 m e 0,20-0,40 m), em três amostras compostas constituídas por dez amostras simples por área de cultura. de cerca de 492 m .[2]

O manejo da cana-de-açúcar foi identificado como: (a) cana crua; (b) cana queimada; (c) cana com vinhaça; e (d) cana sem vinhaça. Canellas et al. (2003) utilizaram como metodologia estatística o delineamento inteiramente casualizado (com os tratamentos cana crua, cana queimada, cana com vinhaça e cana sem vinhaça). A análise de variância foi realizada pelo teste F e comparada pelo teste de Tukey a 5 % de probabilidade de erro.

Os resultados obtidos por Canellas et al. (2003) como resultado do manejo do solo, indicam que: Aumento dos teores de carbono orgânico; Resultados efetivos de CEC (capacidade de troca catiônica) e CEC (potencial hidrogeniônico 7) obtidos na área de cana crua devido ao maior aporte de carbono.

Nas áreas de cana-de-açúcar com vinhaça, os aumentos foram de 57 e 68% nas camadas de 0-0,20 m e 0,20-0,40 m, respetivamente, em comparação com os valores encontrados na área de cana-de-açúcar queimada. Também foi observado um aumento significativo da CEC do solo na camada superficial.

Os autores demonstraram ainda que também é possível apontar alguns benefícios ambientais e econômicos, tais como: a redução dos custos de renovação da cana-de-açúcar, devido à sua maior durabilidade, a eliminação de resíduos poluentes, a reciclagem de nutrientes, a redução da emissão de gases, fuligem e a eliminação de perdas de nutrientes, perdas estas atribuídas à queima da palha da cana-de-açúcar na colheita (CANELLAS et al., 2003).

Em solos de mineralogia predominantemente 1:1, como os do Brasil, a Matéria Orgânica é fundamental para alterar o balanço de cargas do solo, aumentando as cargas negativas. A matéria orgânica é responsável por mais de 60 % da CTC dos solos do Brasil (RAIJ, 1981).

Em relação aos micronutrientes, Canellas et al. (2003) relataram que na área de cana-de-açúcar com vinhaça, houve um aumento significativo nos teores de Cu $Zn^{2+, 2+}$ e Mn^{2+} na camada 0-0,20 m do solo, e Cu^{2+} e Fe^{3+} na camada 0,20-0, 40 m.

Para Canellas et al. (2003), a movimentação e o preparo do solo intensivo para o cultivo favorecem as reações de oxidação, aumentando a área de exposição da matéria orgânica ao ataque microbiano, reduzindo seus teores nos sistemas convencionais. Em relação aos sistemas conservacionistas, ao longo do tempo, tendem a apresentar um aumento da matéria orgânica na superfície do solo (TESTA et al., 1992; FREIXO et al., 2002).

A fração ácido fúlvico livre representa a menor parte do conteúdo total de carbono em todas as áreas estudadas. Na fração ácido fúlvico, os autores demarcaram um aumento de 13% na área de cana-de-açúcar com vinhaça na camada subsuperficial, em comparação com a área de cana-de-açúcar sem vinhaça.

Em áreas onde se comparou o efeito da cana crua em relação à cana queimada, houve um aumento de 118% na maior profundidade estudada (CANELLAS et al., 2003). Outros estudos já constataram a mobilidade dessa fração de carbono umidificado no perfil do solo (CANELLAS et al., 2000).

Os resultados obtidos por Canellas et al. (2003) comprovam a mobilidade da fração ácidos húmicos, bem como os benefícios diretos sobre a fertilidade do solo. Em relação à fração residual humificada (huminas), os autores verificaram que seus teores médios aumentaram em torno de 35 % nas áreas de cana crua e cana com vinhaça, independentemente da profundidade do solo. Observaram também pequenas alterações na camada mais profunda do solo, onde se observou um ligeiro aumento das frações alcalino-solúveis da menos para a mais polimerizada com a adição da vinhaça.

Os resultados obtidos, com maior tempo de preservação da palha, mostraram que, com o passar do tempo, possivelmente ocorre a condensação da fração alcalinosolúvel e o acúmulo de ácidos húmicos, com melhorias na qualidade da matéria orgânica.

Canellas et al. (2003) concluíram que a matéria orgânica incorporada à cultura da cana-de-açúcar, tanto pela palha quanto pela vinhaça, teve alterações benéficas no balanço de cargas negativas do solo, proporcionando maior fertilidade do solo, além do aumento do teor de substâncias húmicas alcalinas.

Como visto nos tópicos anteriores, a matéria orgânica desempenha um papel crucial na gestão da conservação do solo, além de ser um parâmetro de qualidade do solo e sensível às práticas de manejo.

Nesse contexto, técnicas que analisam e caracterizam a matéria orgânica são de suma importância, pois refletem diretamente no manejo adotado no campo. Diversas técnicas analíticas podem ser empregadas para avaliar o grau de estabilização da matéria orgânica (REEVES III, 2010).

Dentre essas técnicas, o trabalho "*Near infrared versus medium infrared with diffuse spectroscopic reflectance for soil analysis with emphasis on carbon and laboratory versus local analysis: where are we and what needs to be done?*" publicado no Geoderma (2010) discorre sobre as técnicas que são utilizadas para análise de carbono no solo, com ênfase nas técnicas de infravermelho próximo (NIR), espetroscopia de reflectância difusa no infravermelho com transformada de Fourier (DRIFTS) e infravermelho médio (MIR).

Estas técnicas têm sido utilizadas há várias décadas para a análise de rotina de produtos agrícolas, como forragens e cereais (WILLIAMS; NORRIS, 1987, 2001; ROBERTS et al., 2004).

Os investigadores Malley et al. (2004) afirmam que o NIR: "*Embora o infravermelho próximo tenha sido utilizado em laboratório de investigação para análise durante cerca de três décadas, a sua importância para a agricultura quotidiana e a utilização dos solos está apenas a emergir.*"

Uma investigação alargada mostrou que tanto o infravermelho próximo como o infravermelho médio têm um potencial substancial para a análise rápida e de baixo custo do solo (REEVES III, 2010). Estas técnicas podem ser utilizadas para a análise do carbono no trabalho de Canellas et al. (2003).

No contexto metodológico para a utilização de técnicas espectroscópicas, Reeves III (2010) discute a relevância do laboratório para a análise de amostras, mas considera o potencial para a análise no local, que pode ser bastante vantajoso do ponto de vista da economia de tempo. O esforço necessário para transportar espécimes e para locais onde as instalações de laboratório podem não estar prontamente disponíveis, e reduzir muito a necessidade de enviar amostras que potencialmente contêm, por exemplo, patógenos e insetos, e dar-lhes a capacidade de transportar instrumentos concebidos para o laboratório de solo de um único local (REEVES III, 2010).

Reeves III (2010) destaca a relevância da utilização de técnicas espectrométricas na análise do solo. Para o autor, a espetroscopia de infravermelhos de transmissão é geralmente utilizada para efetuar análises quantitativas do solo.

Uma limitação à utilização de espectros no infravermelho médio é a presença de distorções de reflexão (REEVES et al., 2005). Os espectros de infravermelho médio têm consideravelmente mais pormenores e picos mais nítidos. Embora os espectros de infravermelho médio mostrem diferenças definidas devido ao teor de C (bandas de C_H em torno de 3000 cm^{-1}), grande parte da informação atual deve-se, na verdade, a inorgânicos, como a sílica, que não aparecem nos espectros NIR (REEVES III, 2010).

Assim, o espetro de infravermelho médio dos solos pode conter informações de fases orgânicas e minerais, enquanto o espetro de infravermelho próximo contém informações de produtos orgânicos e hidroxilas de produtos orgânicos e não orgânicos (REEVES III, 2010).

Vários investigadores compararam várias formas de instrumentos NIR quanto à sua aplicabilidade a estudos de análise da matéria orgânica, incluindo Stevens et al. (2008).

A unidade de bordo cobriu a gama espetral de 400 a 2500 nm e as partes infravermelhas (3300-5400 nm e 8200 a 12 700 nm) e produziu maiores quantidades de dados, mas com menor precisão devido a um sinal de ruído mais baixo em comparação com os dados de laboratório que estabeleceram dados em comparação com o método Walkely-Black (WALKLEY; BLACK, 1934).

Quanto aos analitos, Reeves III (2010) argumenta que, embora o carbono possa ser considerado o analito que impulsiona a futura expansão do DRIFTS e/ou do NIR para a análise do solo, existem muitos outros analitos de interesse para os agricultores apresentados na literatura como textura, metais e potencial de hidrogénio.

Os resultados de textura (areia, sedimentos e argila) numa variedade de conjuntos de dados produziram igualmente excelentes resultados, com a ressalva de que o método utilizado para determinar/calcular estes analitos deixa algo a desejar.

Quanto às calibrações, Reeves III (2010) afirma que as medições indirectas de um analito, medindo X que se correlaciona com a substância Y de interesse, são frequentemente referidas como calibrações de substituição e funcionam apenas enquanto o rácio de substituição se aplica a ambos os conjuntos de amostras. Embora vários esforços de investigação tenham tido algum sucesso na determinação de metais que vão desde o alumínio e o zinco nos solos, é necessária mais investigação para determinar a base para estas calibrações e se serão baseadas em substituição (REEVES III, 2010).

Para Reeves III (2010), os métodos espectrais baseiam-se estritamente em calibrações desenvolvidas com valores determinados por métodos tradicionais que exigem a mesma medição em todos os conjuntos de dados, se se pretender combinar dados de diferentes estudos.

Embora seja frequente rotular um analito como uma entidade bem definida, sem base empírica, podem ser utilizados vários métodos por diferentes grupos para medir o que é suposto ser a mesma coisa. Infelizmente, tal como referido por Hammes et al. (2007), tais pressupostos raramente são verdadeiros.

Reeves (2010) argumenta ainda que tanto o DRIFTS como o NIR têm sido utilizados para determinar uma série de outros analitos do solo de interesse, desde minerais a propriedades físicas, com diferentes graus de sucesso.

Na sua maioria, estes analitos são os que se esperam dos solos, por exemplo, formas de N, C, mineralização de N e potencial de hidrogénio. No entanto, uma pesquisa bibliográfica também mostra algumas aplicações interessantes, por exemplo, os investigadores utilizaram o DRIFTS para medir: o conteúdo de grupos funcionais nos solos (LUDWIG et al., 2008), fracções químicas (húmicas) (MAO et al., 2008), a composição de revestimentos de carbono (ELLERBROCK; GERKE, 2004) e as propriedades físicas e mecânicas, como a densidade e a condutividade hidráulica (MINASNY et al., 2008).

Em trabalhos realizados por Janik et al. (2007a), Minasny et al. (2008) e Trantor et al. (2008), foram feitos esforços para combinar os resultados do DRIFTS com funções de pedotransferência (PACHEPSKY; RAWLS, 2004).

Apesar da maior dificuldade do ponto de vista da visualização espetral, Terhoeven-Urselmans et al. (2006) mostraram que o NIR também pode determinar com precisão os grupos funcionais. Os trabalhos recentes que utilizam o NIR para a análise do solo apresentam muitas aplicações interessantes, como seria de esperar do número muito maior de investigadores em comparação com o NIR e o DRIFTS.

Algumas delas incluem: Análise da fração granulométrica do solo (BARTHÈS et al., 2008) indicou que o potencial para determinar distribuições usando varreduras de solo não fracionadas; Caracterização do solo e casos de minhocas usando NIR (CÉCILLON et al., 2008), que demonstraram que a seleção de comprimentos de onda específicos poderia melhorar as previsões derivadas do PLS.

A utilização do infravermelho próximo para determinar os tipos de solo e o sistema de plantio direto (DEMATTÊ et al., 2004), onde se concluiu que os resultados do infravermelho próximo eram semelhantes ou melhores do que os obtidos por métodos convencionais.

Determinar os efeitos dos incêndios na qualidade do solo (CÉCILLON et al., 2009) ou a temperatura do fogo na análise do carbono do solo (GUERRERO et al., 2007; ARCENEGUI et al., 2008), onde foi demonstrado que o NIR pode ser muito preciso.

Reeves III (2010) destaca outros métodos que utilizam a espetroscopia no infravermelho médio: a reflectância total atenuada ou ATR (LINKER et al., 2005., 2006; JAHN et al., 2006) e a espetroscopia fotoacústica (DU et al., 2007, 2008, 2009; DU e ZHOU, 2009).

Estes métodos, quando utilizam o infravermelho médio, dependem inteiramente de mecanismos ópticos diferentes. No ATR, a amostra é colocada sobre um cristal e os espectros obtidos a partir da onda evanescente resultante da radiação reflectem-se nas superfícies internas do cristal (COLEMAN, 1993). Este método requer um contacto íntimo entre a amostra e o cristal.

A técnica fotoacústica no meio da espetroscopia de infravermelhos baseia-se em ondas sonoras criadas num compartimento selado quando uma amostra é aquecida por radiação infravermelha (COLEMAN, 1993).

Os resultados de Du et al. (2007, 2008, 2009; DU; ZHOU, 2009) indicam que pode ser utilizado para determinar o C do solo e outros analitos e que fornece espectros melhores do que a ATR nas mesmas amostras devido à utilização de amostras secas em comparação com pastas. ATR Embora estes estudos sejam pouco numerosos, indicam que pode haver potencial para outros fins. A espetroscopia fotoacústica pode ser utilizada para obter espectros a diferentes profundidades, ajustando a taxa de modulação (COLEMAN, 1993).

A literatura descreve outras técnicas para análise da MOS em experimentos com cana-de-açúcar, incluindo as espectroscópicas, como a Espectroscopia de Fluorescência de Luz Violeta Ultra-Visível (UV-VIS) e a Espectroscopia de Fluorescência Induzida por Laser (LIFS).

A partir dessas técnicas é possível avaliar o grau de humificação das frações químicas e da matéria orgânica do solo como um todo a partir da concentração de radicais livres semiquinonas, que são estabilizados por estruturas aromáticas condensadas. Um dos grandes desafios nos estudos de caraterização da matéria orgânica é o conhecimento da qualidade da matéria orgânica e de suas frações para elucidar a relação entre a qualidade e a quantidade da matéria orgânica, como forma de melhor compreender suas funções.

Vários estudos têm demonstrado o potencial da Fluorescência de Luz UV-Visível e da Fluorescência Induzida por Laser (FIL) na avaliação do grau de humificação da matéria orgânica em fracções húmicas e amostras de solo inteiras, assumindo que uma alteração na intensidade máxima da fluorescência de ondas curtas para fluorescência de ondas longas pode contribuir para o aumento da condensação de grupos aromáticos ou para o aumento da conjugação destas moléculas (Bayer et al. (2002), GONZÁLEZ-PÉREZ et al. (2007), KALBITZ et al. (1999) , MILORI et al. (2002, 2006), e ZSOLNAY et al. (1999).

As substâncias orgânicas mais humidificadas têm uma maior intensidade de fluorescência num comprimento de onda mais curto e torna-se possível associar esta alteração de sinal a alterações químicas nos compostos orgânicos.

O Espectro de Emissão de Fluorescência Induzida por Laser (LIFES) permite a caraterização do COT em estruturas mais complexas como grupos aromáticos e quinonas em amostras inteiras de solo sem extração prévia (GONÇALVES et al., 2003; DICK et al., 2005), uma vez que as técnicas de extração atualmente utilizadas podem provocar alterações na estrutura das fracções.

MILORI et al (2006) propuseram um Índice de Humidade baseado na Espectroscopia Induzida por Laser, e fizeram comparações com os Índices de Humidade propostos por ZSOLNAY et al. (1999), KALBITZ et al. (1999), e MILORI et al. (2002).

Para solos mais intemperizados, como os oxissolos, será necessário purificar as amostras para remover os núcleos paramagnéticos devido ao elevado teor de Fe, a fim de obter espectros de boa qualidade que permitam a identificação dos principais grupos. funcionais.

É de salientar o tipo de informação a obter com todo o solo, uma vez que nestas condições é necessário considerar a matéria orgânica como um todo, incluindo a fração mais facilmente decomposta, e não apenas a mais estabilizada.

Em qualquer caso, podem ser realizados estudos que correlacionem as avaliações com amostras de solo in situ e fracções químicas, para eventualmente eliminar a etapa de fracionamento químico em determinadas situações.

Com um sistema de agricultura de construção com matéria orgânica do solo, estamos a retirar carbono (CO_2) da atmosfera e a reduzir os efeitos de um dos principais gases das alterações climáticas.

REFERÊNCIAS

ALEXANDER, M. **Decomposição da matéria orgânica**. In: ALEXANDER, M., ed. Introduction to soil microbiology. Nova Iorque, J. Willey, 1977. p.128-147.

ARAÚJO, A. S. F.; MONTEIRO, R. T. R.; CARVALHO, E. M. S. Efeito do lodo têxtil compostado no crescimento, nodulação e fixação de nitrogênio da soja e do feijão-caupi. **Bioresource Technlogy**, Londres, v. 97, p. 1028-1032, 2007.

BALDOTTO, M. A.; CANELLAS, L. P.; CANELA, M. C.; REZENDE, C. E.; & VELLOSO, A. C. X. Propriedades redox de ácidos húmicos isolados de um solo cultivado com cana-de-açúcar por longo tempo. **Revista Brasileira Ciência do Solo**, Viçosa, vol. 32, p.1043-1052, 2008.

BASANTA, M.V.; DOURADO NETO, D.; REICHARDT, K.; BACCHI, O.O.S.; OLIVEIRA, J.C.M.; TRIVELIN, P.C.O.; TIMM, L.C.; TOMINAGA, T.T.; CORRECHEL, V.; CÁSSARO, F.A.M.; PIRES, L.F.; MACEDO, J.R. Efeitos do manejo na recuperação de nitrogênio em uma cultura de cana-de-açúcar cultivada no Brasil. **Geoderma**, Amsterdam, v. 116, p. 235-248, 2003.

BARTHÈS, B.G., BRUNET, D., HIEN, E., ENJALRIC, F., CONCHE, S., FRESCHET, G.T., d'Annunzio, R., Toucet-Louri, J., 2008. Determinação das distribuições de carbono e azoto do solo em fracções granulométricas utilizando o espetro de reflectância no infravermelho próximo de amostras de solo a granel. **Soil Biology and Biochemistry** 40, 1533-1537.

BAYER, C.; MARTIN-NETO, L.; MIELNICZUK, J.; SAAB, S. C.; MILORI, D. M. B. P.; BAGNATO, V. S. Efeitos da lavoura e do sistema de cultivo nas caraterísticas dos ácidos húmicos do solo, determinados por ressonância de spin eletrônico e espetroscopia de fluorescência. **Geoderma**, Amsterdão, v. 105, p 81-92, 2002.

CAMARGO, F.A.O.; SANTOS, G.A.; GUERRA, J.G.M. Macromoléculas e substâncias húmicas. In: SANTOS, G.A. & CAMARGO, F.A.O., eds. **Fundamentos da matéria orgânica do solo**. Porto Alegre, Gênesis, 1999. p.27-39.

CAMBARDELLA, C.A.; ELLIOT, E.T. Particulate soil organic matter changes across a grassland cultivation sequence. **Soil Science Society of America Journal**, Madison, v. 56, p. 777-783, 1992.

CANELLAS, L.P.; BERNER, P.G.; SILVA, S.G.; BARROS E SILVA, M.; SANTOS, G.A. Frações da matéria orgânica em seis solos de uma topossequência no estado do Rio de Janeiro. **Pesq. Agropec. Bras.**, 35:133-143, 2000.

CANELLAS, L.P.; VELLOSO, C.R.; MARCIANO, C.R.; RAMALHO.; RUMJANEK.;V.M.; REZENDE, C.E.; SANTOS, G.A. Propriedade química de um cambissolo cultivado com cana-de-açúcar, com preservação do palhiço e adição de vinhaça por longo tempo. **Revista Brasileira de Ciência do Solo** 27:935-944, 2003

CERRI, C.A. **Dynamique de la matiere organique du sol aprés défrichement et mise em culture**. Utilização do traço isotópico natural em 13C. Cah. ORSTOM, 24:335-336, 1988

CERRI, C.C.; CERRI, C.E.P.; DAVIDSON, E.A.; BERNOUX, M.; FELLER, C. A ciência do solo e o sequestro de carbono. **Sociedade Brasileira de Ciência do Solo**: Boletim Informativo, cidade, v.29, 6p., 2004.

CONAB - COMPANHIA NACIONAL DE ABASTECIMENTO. **Acompanhamento da safra brasileira: cana-de-açúcar safra 2013/2014**. Terceiro Levantamento, janeiro/2015. Brasília, Conab, 2015

COLEMAN, P.B., 1993. Practical Sampling Techniques for Infrared Analysis (Técnicas práticas de amostragem para análise por infravermelhos). CRC Press, Inc., Boca Raton, FL.

DABIN, B. **Materiais orgânicos nos solos tropicais normalmente drenados**. Cah. ORSTOM, 17:197-215, 1981.

DALAL, R.C. Soil microbial biomass - what do the numbers really mean? Australian **Journal of Experimental Agriculture**, Collingwood, v. 38, p. 649-665, 1998.

DEMATTÊ, J.A.M., CAMPOS, R.C., ALVES, M.C., FIORIO, P.R., NANNI, M.R. Reflectância visível-NIR: uma nova abordagem na avaliação de solos. **Geoderma** 121, 95-112, 2004

DERPSCH, R. Expansão mundial do plantio direto. **Revista Plantio Direto**, Passo Fundo, v. 59, n. 1, p. 32 - 40, 2000.

DICK, D.P.; GONÇALVES, C.N.; DALMOLIN, R.S.D.; KNICKER, H.; KLAMT, E.; KOGELKNABNER, I.; SIMÕES, M.L.; MARTIN-NETO, L. Caraterísticas da matéria orgânica do solo de diferentes Ferralsols brasileiros sob vegetação nativa em função da profundidade do solo. **Geoderma**, Amsterdam, v. 124, p. 319-333, 2005.

DORAN, J. W.; PARKIN, T. B. Definição e avaliação da qualidade do solo. In: DORAN, J.W.; COLEMAN, D.C.; BEZDICEK, D. F.; STEWART, B. A. (Org.) **Defining soil quality for a sustainable environment**. Madison: SSSA, 1994. p. 3-21.

DOURADO-NETO, D.; TIMM, C.; OLIVEIRA, J.C.M.; REICHARDT, K.; BACCHI, O.O.S.; TOMINAGA, T.T.; CÁSSARO, F.A.M. Abordagem de espaço de estados para análise do conteúdo de água e temperatura do solo em uma cultura de cana-de-açúcar. **Scientia Agricola**, Piracicaba, v. 56, p. 1215-1221, 1999.

DU, C., ZHOU, J., 2009. **Avaliação da fertilidade do solo utilizando a espetroscopia de infravermelhos: uma revisão**. Environmental Chemistry Letters 7, 97-113.

DU, C., LINKER, R., SHAVIV, A., 2007. **Caracterização de solos utilizando espetroscopia fotoacústica de infravermelhos médios**. Applied Spectroscopy 61 (10), 1063-1067.

DU, C., LINKER, R., SHAVIV, A., 2008. Identificação de solos agrícolas mediterrânicos através de fotoacústica no infravermelho médio. **Geoderma** 143, 85-90.

DU, C., ZHOU, J., WANG, H., CHEN, X., ZHU, A., ZHANG, J., 2009. Determinação das propriedades do solo utilizando a espetroscopia fotoacústica de infravermelhos médios com transformada de Fourier. **Vibrational Spectroscopy** 49, 32-37.

FREIBAUER, A.; ROUNSEVELL, M.D.A.; SMITH, P.; VERHAGEN, J. Carbon sequestration in the agricultural soils of Europe. **Geoderma**, Amesterdão, v. 122, p. 1-23, 2004.

FREIXO, A.; MACHADO, P.L.O.A.; GUIMARÃES, C.M.; DIAS, C.A. & FADIGAS, F. Estoques de carbono e nitrogênio e distribuição de frações orgânicas de Latossolo do cerrado sob diferentes sistemas de cultivo. **R. Bras. Ci. Solo**, 26:425- 434, 2002.

GAVA, G.J.C.; TRIVELIN, P.C.O.; VITTI, A.C.; OLIVEIRA, M.W. Balanço de nitrogênio da uréia e da palha de cana-de-açúcar em um sistema solo-cultura de cana-de-açúcar. **Pesquisa Agropecuária Brasileira**, Brasília, v. 40, p. 689-695, 2005.

GONÇALVES, C.N.; DALMOLIN, R.S.D.; DICK, D.P.; KNICKER, H.; KLAMT, E.; KOGELKNABNER, I. O efeito do tratamento com 10% de HF na resolução de espectros de RMN CPMAS 13 e na quantidade de matéria orgânica em Ferralsols. **Geoderma**, Amsterdão, v. 116, p. 373-392, 2003.

GONZÁLEZ-PEREZ, M.; MILORI, D.M.B.P.; COLNAGO, L.A.; MARTIN-NETO, L.; MELO, W.J. Estudo espetroscópico de fluorescência induzida por laser da matéria orgânica em um Latossolo brasileiro sob diferentes sistemas de cultivo. **Geoderma**, Amsterdam, v. 138, p. 20-24, 2007.

GRAHAM, M.H.; HAYNES, R.J.; MEYER, J.H. Changes in soil chemistry and aggregate stability induced by fertilizer applications, burning and trash retention on a long-term sugarcane experiment in South Africa. **European Journal of Soil Science**, Oxford, v. 53, p. 589-598, 2002.

GUERRERO, C., MATAIX-SOLERA, J., ARCENEGUI, V., MATAIX-BENEYTO, J., GÓMEZ, I., 2007. Espectroscopia de infravermelho próximo para estimar as temperaturas máximas atingidas em solos queimados. **Soil Science Society of America Journal** 71 (3), 1029-1037.

HAMMES, K., SCHMIDT, M.W.I., SMERNIK, R.J., CURRIE, L.A., BALL, W.P., 2007. Comparação de métodos de quantificação para medir o carbono derivado do fogo (negro/elementar) em solos e sedimentos utilizando materiais de referência do solo, água, sedimentos e atmosfera. **Global Biogeochemical Cycles 21**. doi:10.1029/2006GB00291.

HARTEMINK, A.E. **Cana-de-açúcar para bioetanol: questões de solo e ambientais**. Advances in Agronomy, San Diego, v. 99, p. 125-182, 2008.

JANIK, L.J., MERRY, R.H., FORESTER, S.T., LAYON, D.M., RAWSON, A., 2007a. Previsão rápida da retenção de água no solo utilizando a espetroscopia de infravermelhos médios. **Soil Science Society of America Journal** 71 (2), 507-514.

JARECKI, M.K.; LAL, R. Crop management for soil carbon sequestration. **Critical Reviews in Plant** Sciences, Philadelphia, v. 22, p. 471-502, 2003.
KALBITZ, K.; GEYER, W.; GEYER, S. Spectroscopy properties of dissolved humic substances - a reflection of land use history in a fen area. **Biogeochemistry**, Dordrecht, v.47, p. 219-238, 1999.

KARLEN, D. L.; DITZLER, C. A.; ANDREWS, S. S. Qualidade do solo: porquê e como? **Geoderma**, Amesterdão, v. 114, n. 3/4, p. 145-156, 2003

KONONOVA, M.M. **Materia Orgánica del suelo: su naturaleza, propiedades y métodos de investigación**. Barcelona, Oikostau, 1982. 364p.

LEAL, J.R.; AMARAL SOBRINHO, N.M.B.; VELLOSO, A.C.X.; ROSSIELO, R.O.P. Potencial redox e pH: variação em um solo tratado com vinhaça. **R. Bras. Ci. Solo**, 7:257-261, 1983.

LINKER, R., SHMULEVICH, I., KENNY, A., SHAVIV, A., 2005. Identificação do solo e quimiometria para a determinação direta de nitrato em solos utilizando a espetroscopia de infravermelhos médios FTIR-ATR. **Chemosphere** 60 (5), 652-658.

LUCA, E. F.; FELLER, C.; CERRI, C. C.; BARTHÈS, B.; CHAPLOT, V.; CAMPOS, D. C.; Manechini, C. Avaliação de atributos físicos e estoques de carbono e nitrogênio em solos com queima e sem queima de canavial. **Revista Brasileira de Ciência do Solo**. Viçosa, vol. 32. p.789-800, 2008.

MENDONÇA, E.S.; ROWELL, D.L. Dinâmica do alumínio e de diferentes frações orgâncias de um latossolo argiloso sob cerrado e soja. R. Bras. Ci. Solo, 18:295-303, 1994.

MIELNICZUK, J. Matéria orgânica e sustentabilidade de sistemas agrícolas. In: SANTOS, G.A. & CAMARGO, F.A.O., eds. **Fundamentos da matéria orgânica do solo**. Porto Alegre, Gênesis, 1999. p.1-7.

MILORI, D.M.B.P.; GALETI, H.V.A.; MARTIN-NETO, L.; DIECKOW, J.; GONZÁLEZPÉREZ, M.; BAYER, C.; SALTON, J. Estudo da matéria orgânica de amostras inteiras de solo usando espetroscopia de fluorescência induzida por laser. **Soil Science Society of America Journal**, Madison, v. 70, p. 57-63, 2006.

MILORI, D.M.B.P.; MARTIN-NETO, L.; BAYER, C.; MIELNICZUK, J.; BAGNATO, V.S. Grau de humificação dos ácidos húmicos do solo determinado por espetroscopia de fluorescência. **Soil Science**, Philadelphia, v. 167, p. 739-749, 2002.

MINASNY, B., MCBRATNEY, A.B., 2008. Regras de regressão como ferramenta de previsão das propriedades do solo a partir da espetroscopia de reflectância no infravermelho. **Chemometrics and Intelligent Laboratory Systems** 94, 72-79.

MOURA, M. V. P. S.; FARÍAS, C. H. A.; AZEVEDO, C. A. V. A; DANTAS NETO, J.D; AZEVEDO, H. M.; PORDEUS, R. V. Doses de adubação nitrogenada e potássica em cobertura na cultura da cana-de-açúcar, primeira soca, com e sem irrigação. **Ciência. Agrotecnologia**, Lavras, v. 29, n. 4, p. 753-760, jul./ago., 2005.

NOBLE, A.D.; MOODY, P.;BERTHELSEN, S. Influência da mudança de gestão da cana-de-açúcar em algumas propriedades químicas do solo nos trópicos húmidos do norte de Queensland. **Australian Journal of Soil Research**, Victoria, v. 41, p. 1133-1144, 2003.

ORLANDO-FILHO, J.; SILVA, G.M.A. ; LEME, E.J.A. Utilização agrícola dos resíduos da agroindústria cana-de-açúcar. In: ORLANDO-FILHO, J., ed. Nutrição e adubação da cana-de-açúcar no Brasil. Piracicaba, IAA/ PLANALSUCAR, 1983. p.227-264.

ORTEGA, F. **La matéria orgánica de los suelos tropicales**. La Habana, Academia de Ciéncias de Cuba, 1982. 152p.

PANOSSO, A.R.; MARQUES Jr., J.; PEREIRA, G. T.; SCALA Jr, N. Variabilidade espacial e temporal da emissão de CO_2 do solo em uma área de cana-de-açúcar sob manejo verde e de corte e queima. **Soil & Tillage Research**, vol.105 (2009) p. 275-282.

PACHEPSKY, Y., RAWLS, W.J. (Eds.), 2004. **Development of Pedotransfer Functions in Soil Hydrology**, vol. 30 (Developments in Soil Science). Elsevier, Inc., St. Louis, MO, EUA.

PORTUGAL, A.F.; JUCKSCH, I.; SCHAEFER, C.E.G.R.; WENDLING, B.A. Determinação de estoques totais de carbono e nitrogênio e suas frações em sistemas agrícolas implantados em Argissolo Vermelho-Amarelo. **Revista Brasileira de Ciência do Solo**, Viçosa, v. 32, p. 2091- 2100, 2008.

RAIJ, B. van. **Mecanismos de interação entre solos e nutrientes**. In: RAIJ, B. van., ed. Avaliação da fertilidade do solo. Piracicaba, Instituto da Potassa e Fosfato, 1981. p.17-31.

REEVES III, J.B., FRANCIS, B.A., HAMILTON, S.K., 2005. Reflexão especular e espetroscopia de reflectância difusa de solos. **Applied Spectroscopy** 59 (1), 39-46.

REEVES III, J.B. Near- versus mid-infrared diffuse reflectance spectroscopy for soil analysis emphasizing carbon and laboratory versus on-site analysis: Onde estamos e o que precisa de ser feito? **Geoderma**, E.U.A. 2010

RESENDE, A. V. **O sistema plantio direto proporciona maior eficiência no uso de fertilizantes**. Sete Lagoas, MG: Embrapa milho e sorgo, 2011. 23 p.

RIO DE JANEIRO. Lei no 2049, de 22 de dezembro de 1992. Dispõe sobre a proibição de queimadas de vegetação no estado do Rio de Janeiro em áreas e locais e dá outras providências. **Diário oficial do estado do Rio de Janeiro**, 18:1-23, 1992.

ROSCOE, R.; MACHADO, P.L.O. **Fracionamento físico do solo em estudos da matéria orgânica**. Dourados: Embrapa Agropecuária Oeste; Rio de Janeiro: Embrapa Solos, 2002. 86 p.

SENGIK, E.; RIBEIRO, A.C.; CONDE, A.R. Efeito da vinhaça em algumas propriedades de amostras de solos de Viçosa (MG). **R. Bras. Ci. Solo**, 12:11-15, 1988.

SILVA, A.J.N; RIBEIRO, M.R. Caracterização de um Latossolo Amarelo sob cultivo contínuo de cana-de-açúcar no estado de Alagoas: propriedades químicas. **R. Bras. Ci**. Solo, 22:291-299, 1998.

SILVA, M.A.S.; MAFRA, A.L.; ALBUQUERQUE, J.A.; BAYER, C. & MIELNICZUK, J. Atributos físicos do solo relacionados ao armazenamento de água em um Argissolo Vermelho sob diferentes sistemas de preparo. **Ciência Rural**, 35:544-552, 2006.

SCHNITZER, M. **Matéria orgânica do solo** - os próximos 75 anos. Soil Sci., 151: 41-58, 1991.

SCHNITZER, M. e KHAN, S.U. **Soil organic matter**. Amesterdão, Elsevier, 1978. 319p.

SKJEMSTAD, J.O.; TAYLOR, J.A.; JANIK, L.J.; MARVANEK, S.P. Soil organic carbono dynamics under long-term sugarcane monoculture. **Australian Journal of Soil Research**, Victoria, v. 37, p. 151-164, 1999.

SOUZA, Z.M.; PRADO, R. M.; PAIXÃO, A. C. S.; CESARIN, L. G. Sistemas de colheita e manejo da palhada de cana-de-açúcar. **Pesquisa Agropecuária Brasileira**, v.40, n.3, p.271-278, mar.2005.

SMITH, P.; ANDREN, O.; KARLSSON, T.; PERA¨LA¨, P.; REGINA, K.; ROUNSEVELLS, M.; VAN WESEMAEL, B. O potencial de sequestro de carbono nas terras agrícolas europeias foi sobrestimado. **Global Change Biology**, Malden, v. 11, p. 2153-2163, 2005.

SPARLING, G.P. Ratio of microbial biomass carbon to soil organic carbon as a sensitive indicator of change in soil organic matter. Australian Journal of Soil Research, Victoria, v. 30, p. 195-207, 1992.

SPOSITO, G.; ZABEL, A. A avaliação da qualidade do solo. **Geoderma**, Amesterdão, v. 114, n. 3/4, p. 143-144, 2003

STEVENSON, F.J. **Cycles of soil**. New York: John Wiley 1984. 427 p.

SWIFT, R.S. Sequestration of carbon by soil. **Soil Sci.**, 166:858- 871, 2001.

TESTA, V.M.; TEIXEIRA, L.A.J. & MIELNICZUK, J. Caraterísticas químicas de um Podzólico Vermelho-Escuro afetadas por sistemas de culturas. **R. Bras. Ci. Solo**, 16:107- 114, 1992.

TOMINAGA, T.T.; CÁSSARO, F.A.M.; BACCHI, O.O.S, REICHARDT, K.; OLIVEIRA, J.C. M.; TIMM, L. C. Variabilidade do conteúdo de água no solo e da densidade aparente em um canavial. **Australian Journal of Soil Research**, Victoria, v. 40, p. 604-614, 2002.

TRANTOR, G., MINASNY, B., MCBRATNEY, A.B., VISCARRA ROSSEL, R.A., MURPHY, B.W., 2008. Comparação dos sistemas de inferência espetral do solo e das previsões espectroscópicas no infravermelho médio da retenção de humidade no solo. **Soil Science Society of America** Journal 72, 1394-1400.

TUFAILE NETO, M.A. Caracterização do lixo e do bagaço da cana-de-açúcar. In: HASSUANI, S.J.; LEAL, M.R.L.V.; MACEDO, I.C. (Ed.). **Geração de energia a partir de biomassa. Bagaço e lixo de cana-de-açúcar**. Piracicaba: PNUD-CTC, 2005. 217 p.

VASCONCELOS, R. F. B.; CANTALICE, J. R. B.; OLIVEIRA, V. S.; COSTA, Y. D. J. e CAVALCANTE, D. M. Estabilidade de agregados de um Latossolo Amarelo de tabuleiro costeiro sob diferentes aportes de resíduos orgânicos da cana-de-açúcar. **Revista Brasileira de Ciência do Solo**. Viçosa, vol.34. p.309-316, 2010.

WALKLEY, A., BLACK, I.A., 1934. Um exame do método Degtjareff para determinar a matéria orgânica do solo e uma proposta de modificação do método de titulação com ácido crómico. **Soil Science** 37, 29-38.

WILLIAMS, P., NORRIS, K. (Eds.), 1987. **Near-Infrared Technology in the Agricultural and Food Industries**. Amer. Assoc. of Cereal Chemists, Inc., St. Paul, MN.

WILLIAMS, P., NORRIS, K. (Eds.), 2001. **Near-Infrared Technology in the Agricultural and Food Industries**, 2ª edição. Amer. Assoc. of Cereal Chemists, Inc., St. Paul, MN.

ZECH, W.; SENESI, N.; GUGGENBERGER, G.; KAISER, K.; LEHMANN, J.; MIANO, T.M.; MILTNER, A. & SCHROTH, G. Factores que controlam a humificação e a mineralização da matéria orgânica do solo nos trópicos. **Geoderma**, 79:117-161, 1997.
ZSOLNAY, A.; BAIGAR, E.; JIMENEZ, M.; STEINWEG, B.; SACCOMANDI, F. Diferenciando com espetroscopia de fluorescência as fontes de matéria orgânica dissolvida em solos submetidos à secagem. **Chemosphere**, Oxford, v. 38, p. 45-50, 1999.
ZILLI, J.E.; RUMJANEK, N.G.; XAVIER, G.R.; H.L.C.; NEVES, M.C.P. Diversidade microbiana como indicador de qualidade de solo. **Cadernos de Ciência e Tecnologia**, Brasília, v. 20, n. 3, p. 391-411, set./dez. 2003

CAPÍTULO II:
MÉTODOS DE FERTILIZAÇÃO DOS SISTEMAS CONSERVACIONISTAS BRASILEIROS

2.1 FERTILIZANTE, FERTILIZAÇÃO E MERCADO

A adubação é uma prática agrícola que consiste na aplicação de fertilizantes no solo para recuperar ou conservar sua fertilidade (FONSECA; MARTUSCELLO; SANTOS, 2011). Com ela é possível suprir a carência de nutrientes do solo e proporcionar o desenvolvimento adequado das plantas cultivadas, aumentando a produtividade (SANTOS et al., 2010).

Nos últimos anos, tem-se reconhecido que a adubação pode ser conduzida com base em novas estratégias. Uma das bases da inovação em adubação é a contínua pesquisa científica sobre a eficiência de novas técnicas de manejo agrícola (FONSECA et al., 2008).

A cultura da soja, uma das principais culturas para os Estados Unidos, China e Brasil, demanda quantidades significativas de fertilizantes, principalmente os fosfatados (SILVA; LODI; OLOVICIN, 2013). O Brasil é o quarto maior consumidor de fertilizantes do mundo, representando cerca de 6,0 % do consumo mundial, ficando atrás apenas da China, Índia e Estados Unidos.

Em algumas culturas, como o algodão, o custo dos fertilizantes representa 30% do custo total de produção, o que leva os agricultores a adotar práticas que aumentam a eficiência dos fertilizantes em sistemas intensivos de produção de cereais e fibras.

2.2 FERTILIZAÇÃO DE SISTEMAS: CONCEITOS E PRINCÍPIOS

A agricultura conservacionista é responsável por adequar as condições físicas, biológicas e químicas agrícolas para que as culturas expressem seu potencial genético produtivo (ZACANARO; KAPPES, 2014).

Até a década de 1950, a produção da agricultura brasileira dependia quase que exclusivamente da fertilidade natural dos solos, que é em grande parte baixa devido à elevada acidez e à presença de teores de alumínio trivalente tóxicos para as principais culturas. Além desses problemas, destaca-se também a baixa disponibilidade de macronutrientes (N, P, K, Ca, Mg e S), micronutrientes como Zn e Cu, baixa CTC e, fixação de P em regiões tropicais, o que o torna indisponível para as culturas, uma vez que o P é adsorvido por mecanismos eletrostáticos ou covalentes (ALCARDE et al. 1991).

As práticas de correção da acidez do solo e de adubação contribuíram significativamente para a melhoria da fertilidade do solo ao longo dos anos (BERNARDI; MACHADO; SILVA, 2012).

Outro conceito incorporado ao manejo da adubação é a **adubação de sistemas de cultivos** que pode ser definida como um recurso tecnológico que visa fertilizar o sistema de produção como um todo, ao invés de adubar apenas uma única cultura (OLIVEIRA, 2010).

Os sistemas de adubação das culturas consistem em adubar mais intensivamente culturas mais responsivas como milho, algodão, feijão e tomate e utilizar adubação residual para culturas menos responsivas, como a soja. Os nutrientes residuais são de considerável relevância (ALTMANN, 2012).

Borin (2013) considera essencial para a adubação dos sistemas, os resultados da análise do solo (teores disponíveis), bem como os créditos de nutrientes deixados pelos resíduos de culturas anteriores, as expectativas de produtividade para o cálculo da extração e exportação de nutrientes, as exigências da eficiência nutricional de cada cultura, a eficiência do uso de fertilizantes e a evolução da fertilidade do solo.

Para Altmann (2010), no sistema de plantio direto, as perdas de nutrientes são significativamente menores quando comparadas com a agricultura convencional. É possível adubar o sistema de produção de forma a explorar melhor as culturas mais responsivas, além disso, recomenda-se aumentar a adubação para as culturas que apresentam maiores respostas a ela e explorar o efeito residual do solo.

No plantio direto, utiliza-se a rotação de culturas em que a cultura de cobertura antecede a cultura principal de verão, a possibilidade de adubar o sistema e não apenas a cultura principal. Parte do fertilizante é aplicado em pré-plantio na cultura de cobertura, que será dessecada e, consequentemente, esses nutrientes retornarão à cultura principal (EMBRAPA, 2003).

Resultados obtidos em Turvelândia (Goiás, Brasil) indicaram que o milheto cultivado como cobertura para a cultura do algodão respondeu à adubação potássica até 60 kg.ha^{-1} K$_2$ O.

Esse melhor aproveitamento ocorreu quando a adubação da cultura anterior foi feita em área total, e não localizada apenas no sulco de plantio (EMBRAPA, 2003).

Na fertilização do sistema, considera-se o efeito residual de fertilizantes anteriores em culturas subsequentes, os créditos de ciclagem de nutrientes. A eficiência residual dos nutrientes no rendimento das plantas depende principalmente de alguns factores como as condições climáticas, o tipo de solo, a capacidade de adsorção e remoção dos nutrientes (MATOCHA et al., 1970; MALAVOLTA et al., 1974; FASSBENDER, 1980).

Em sistemas de cultivos sucessivos, quando as culturas anteriores são adubadas, os efeitos residuais, principalmente dos fertilizantes fosfatados, são perceptíveis (SILVA; SILVA FILHO; ALVARENGA, 2001).

A recomendação de adubação é mais flexível através do pré-planejamento integrado, adubando a cultura principal com maior potencial de resposta, mesmo em excesso das quantidades necessárias e minimizando ou eliminando a aplicação na cultura seguinte com menor resposta do fertilizante (BORIN, 2013).

A adubação dos sistemas só é viável quando as condições químicas, físicas e biológicas do solo são adequadas, em sistemas de produção que envolvam rotação de culturas e preferencialmente sob sistema de plantio direto e onde o sucesso geralmente está associado a áreas com alta fertilidade construída, mantida acima do nível crítico e corrigida nas camadas mais profundas (BORIN, 2013).

Altmann (2012) afirma que para que o manejo da adubação do sistema seja eficiente é necessário levar em consideração os teores pré-existentes de nutrientes determinados pela análise de solo, os níveis de adubação e exportação da cultura anterior e a demanda da cultura seguinte, além de eventuais perdas, principalmente de nutrientes lixiviáveis ou voláteis.

As culturas consideradas principais e responsivas podem receber doses maiores de nutrientes acima de suas necessidades nutricionais, e as culturas menos responsivas são cultivadas apenas com um fertilizante inicial e fertilizante residual da cultura anterior (ALTMANN, 2012).

O uso da pastagem garante o potencial produtivo das culturas comerciais, conferindo aspectos de sustentabilidade ao sistema de produção, principalmente no sistema de plantio direto (NICOLOSO; LANZANOVA; LOVATO, 2006; NOVAKOWISKI et al., 2011).

De acordo com Séguy, Bouzinac e Maronezzi (2001), é necessário recorrer ao conceito de floresta em equilíbrio, mantendo o solo permanentemente coberto por vegetais residuais, através de uma elevada produção de massa, retendo os nutrientes na fitomassa de forma a minimizar as perdas de nutrientes do solo, fechando o ciclo solo-planta.

Segundo Altmann (2010), em conformidade com Séguy, Bouzinac e Maronezzi (2001), a importância da criação de um horizonte superficial protegido de 0 a 5 cm e de uma sede de atividade biológica intensa assegura a maior parte da eliminação dos nutrientes pelas raízes da cultura, as micorrizas e a biomassa microbiana. O autor sugere a recriação, em zonas degradadas, de uma dinâmica de utilização de biomassa de reforço conhecida como "bombas biológicas".

Calonego et al. (2012) sugerem que o uso de espécies de Fabaceae, como a soja, na rotação ou sucessão de culturas pode ser importante para o fornecimento de N para as espécies subsequentes, principalmente aquelas mais exigentes, como o milho. Por outro lado, a rápida decomposição dos resíduos de espécies de Fabaceae, devido à baixa relação Carbono: Nitrogênio (C:N) de seus resíduos, faz com que a cobertura do solo após a dessecação e a ceifa seja menor em relação aos resíduos de milho.

A literatura discute a capacidade das culturas de cobertura em assimilar nutrientes e posteriormente liberá-los para as culturas subsequentes (KLIEMANN; BRAZ; SILVEIRA, 2006; PACHECO et al., 2013; MEDRADO et al., 2011).

As quantidades de nutrientes reciclados pelas culturas de cobertura podem variar de alguns quilos a mais de 400 kg ha^{-1} , dependendo da espécie de cultura, do nível de fertilidade do solo, do nutriente e da biomassa total produzida (BENITES et al., 2010).

Considerando a alta qualidade da fertilidade do solo, com nutrientes acima do nível crítico, a fertilização é determinada pelo conhecimento da taxa de extração e exportação de cada cultura em função do rendimento esperado.

O cálculo do crédito de nutrientes para os resíduos de culturas é obtido através da subtração entre a quantidade de nutrientes extraídos (quanto do nutriente a planta necessita para produzir) e exportados (quanto do nutriente será removido pelo grão/pedra), este cálculo deve ser feito para cada nutriente individualmente.

O dimensionamento da adubação N-P-K para o sistema intensivo de produção de soja/milho/algodão começa com o levantamento das quantidades extraídas e exportadas de cada nutriente por cultura (BORIN, 2013).

O crédito de nutrientes só será disponibilizado ao longo do tempo, quando ocorrer a decomposição e mineralização da palha pelos microrganismos, dependendo da relação C: N dos resíduos culturais, temperatura, umidade, devendo-se considerar também que os nutrientes podem ser perdidos. Dentre os nutrientes, o potássio é o que mais rapidamente fica disponível para a próxima cultura, enquanto o nitrogênio, do total deixado pela soja na palha, fica aproximadamente 10% disponível na próxima cultura (BORIN, 2013).

Altmann (2010) conduziu um experimento em sistema de adubação em solos arenosos no oeste da Bahia. As adubações com fósforo e potássio foram realizadas em níveis crescentes, variando de 0 a 320 kg ha^{-1} de P O$_{25}$ e K$_2$ O, respetivamente, no seguinte esquema fatorial: 50% para o milho + 50% para o algodão + adubação residual para a soja em relação à adubação padrão (33 % das doses totais em cada cultura de reposição).

Para o nitrogênio, os teores totais também variaram de 0 a 320 kg ha^{-1} , porém, foram comparadas as doses de 50% de adubação no algodão + 50% no milho e a fixação biológica pela soja inoculada com *Bradyrhizobium japonicum*. 4077 e SEMIA 4080) contra 67 % da dose para o algodão + 33 % para o milho. Observou-se que, no sistema algodão-soja-milho, a taxa de 320 kg ha^{-1} de N distribuída nas culturas responsivas (algodão e milho), além do nitrogênio fixado pela soja, proporcionou as melhores produtividades na soma das três culturas.

Sousa et al. (2010) estudaram a recuperação de fósforo pela soja e milho durante 15 safras em sistema de plantio direto. O solo utilizado no estudo foi um Oxisol argiloso que recebia anualmente 80 kg ha^{-1} de fósforo.

O nível adequado de fósforo (fornecendo 80 a 90 % do potencial produtivo no caso da soja entre 3-4 t ha^{-1} e no caso do milho entre 9 e 12 t ha^{-1}), o milho exportou mais fósforo do que a quantidade adicionada por ano (130 %). Por outro lado, a soja exportou cerca de 44% no período das últimas oito colheitas. Portanto, a cultura do milho utilizou o fósforo residual da cultura da soja e a rotação soja-milho foi muito favorável para o uso eficiente do fertilizante fosfatado no sistema.

Altmann (2010) argumenta que a baixa mobilidade do fósforo no perfil do solo possibilita fazer a adubação na cultura de melhor retorno, utilizando o residual para as culturas substitutas, sem perdas significativas. O pesquisador também constatou que a resposta do algodão em solo com alto teor de P não foi significativa a partir de 80 kg ha^{-1} P O$_{25}$, o que em outros ensaios tem sido de até 120 kg ha^{-1} P O$_{25}$. Houve uma tendência de resposta do milho e da soja até 107 kg ha^{-1} de P O$_{25}$ aplicados nos 3 anos do sistema algodão-soja-milho.

Para a adubação potássica em sistemas soja/milho ou soja/rotação, a literatura sugere o deslocamento de parte da adubação da soja para o cultivo de cereais, pois como os cereais são mais responsivos, o potássio residual pode ser parcial ou totalmente utilizado pela soja no ciclo seguinte. No entanto, é importante a adoção de práticas conservacionistas para evitar perdas de nutrientes na entressafra (BENITES et al., 2010).

Resultados de pesquisa obtidos por Altmann (2010) estabeleceram que a adubação potássica não promoveu aumentos significativos de produtividade a partir de 80 e 160 kg ha^{-1} de K$_2$ O, respetivamente para milho e algodão, e acima de 240 kg ha^{-1} de K$_2$ O., considerando a adubação potássica nos três anos do sistema de produção algodão-soja-milho. Para a soja, as melhores produtividades foram obtidas com a aplicação de 53 kg ha^{-1} de K$_2$ O, não diferindo do tratamento em que se utilizou 120 kg ha^{-1} de K$_2$ O no algodão e na soja sem adubação (ALTMANN, 2010).

Tanto o algodão, quanto a soja e o milho tiveram suas produtividades significativamente afetadas pela falta de adubação nos três anos do ensaio, chegando a uma redução de 54,7% na produção de soja no tratamento sem adubação, indicando que em solos arenosos há necessidade de se utilizar um fertilizante de arranque para não prejudicar o potencial das culturas (ALTMANN, 2010).

O algodão é a cultura cujos restos culturais apresentam maior crédito N-P-K, fato que possibilita um manejo diferenciado da adubação da próxima safra. Outro aspeto relevante é que a proporção necessária de nutrientes muda ao longo do tempo, sendo mais flexível para o fósforo e mais sensível para o nitrogênio e o potássio. Em muitas propriedades tem havido um balanço negativo de nitrogênio no sistema, que está se tornando o fator limitante para altas produtividades.

As necessidades individuais de nutrientes das culturas devem ser satisfeitas em fertilizantes, a fim de manter o potencial produtivo dos sistemas intensivos. A melhoria é sempre possível desde que haja um controlo frequente e informação sobre a evolução da fertilidade do solo e do balanço de nutrientes das culturas (BORIN, 2013).

Os resultados obtidos por Altmann (2010) permitem afirmar (para as duas condições de textura do solo) que a adubação dos sistemas de produção é técnica e economicamente viável em condições de plantio direto com rotação de culturas eficiente capaz de reciclar e reduzir as perdas de nutrientes no perfil do solo, funcionando como uma verdadeira **<u>bomba biológica</u>** no sistema de produção (ALTMANN, 2010).

No sul do Brasil, já existem resultados iniciais de pesquisa para desenvolver um sistema de recomendação de fertilizantes adaptado aos sistemas de produção em plantio direto (VIEIRA et al., 2013).

A adubação verde, comumente utilizada no norte do Paraná, também pode ser considerada como adubação do sistema.

Embora a adubação verde seja uma prática antiga, a sua utilização foi restabelecida no contexto recente, tendo em conta as novas investigações sobre a gestão conservacionista da fertilidade do solo.

O manejo convencional da fertilidade do solo, sem a preocupação com a preservação dos recursos naturais, causou um profundo declínio no potencial produtivo dos solos do Estado do Paraná. Assim, a adubação verde torna-se essencial.

Corrêa (1939) enfatizou a importância do tremoço para o melhoramento e restauração do solo, destacando sua importância como adubo verde para melhorar as propriedades físicas e químicas do solo e seu valor como fonte de matéria orgânica e nitrogênio. manejo da cultura e seu uso como adubo verde de inverno em Londrina, Brasil.

REFERÊNCIAS

ALCARDE, J. C.; GUIDOLIN, J. A.; LOPES, A. S. **Os Adubos e a eficiência das adubações.** 2ª . ed. São Paulo: ANDA, 1991.

ALTMANN, N. **Plantio direto no cerrado: 25 anos acreditando no sistema.** Passo Fundo: Aldeia Norte Editora, 2010. 568 p.

ALTMANN, N. Adubação de Sistemas Integrados de Produção em Plantio Direto: Resultados Práticos no Cerrado. **Instituto Internacional de Nutrição de Plantas.** Informações Agronômicas, n 140, 2012

BENITES, V. M. et al. Potássio, cálcio e magnésio. In. PROCHNOW, L.I.; CASARIN, V.; STIPP, S.R. (Ed.). **Boas práticas para o uso eficiente de fertilizantes**: nutrientes. Piracicaba, SP: IPNI, 2010. p. 133-204.

BERNARDI, A. C. C.; MACHADO, P. L. A.; Silva, C. A. Fertilidade do Solo e Demanda por Nutrientes no Brasil. In: MANZATTO, C. V.; FREITAS JUNIOR, E.; PERES, J. R. R. (Ed.) Uso Agrícola dos Solos Brasileiros. Rio de Janeiro, RJ: Embrapa Solos, 2002. p. 61-67.

BERTONI, J.; LOMBARDI NETO, F. **Conservação do solo.** 6ª edição, Ícone, São Paulo, 2008, 355p.

BORIN, A.L.D.C. Adubação de Sistemas - Conceitos e Fundamentos. Embrapa Algodão - Núcleo Cerrado. **Anais...** Congresso Brasileiro de Algodão, 2013.

CALONEGO, J. C. et al. Persistência e liberação de nutrientes da palha de milho, braquiária e labe-labe. **Revista de Biociências**, Uberlândia, v. 28, n. 5, p. 770-781, 2012.

CORREA, O. **Adubos verdes: o tremoço (*Lupinus* sp) e sua aplicação no melhoramento das terras.** Porto Alegre, RS. Secretaria de Estado dos Negócios da Agricultura, 1939 (Boletim, 26).

EMPRESA BRASILEIRA DE PESQUISA AGROPECUÁRIA - EMBRAPA. **Correção do Solo e Adubação no Sistema Plantio Direto nos Cerrados**, Rio de Janeiro, 2003.

FASSBENDER, H.W. **Química de suelos; com énfasis en suelos de América Latina.** San José, Costa Rica, Instituto Interamericano de Ciências Agrícolas, 1980. 398 p.

FONSECA, D.M. MARTUSCELLO, J.A.; SANTOS, M.E.R. Adubação de massas alimentícias: inovações e perspectivas. **Anais...** XII Congresso Brasileiro de Zootecnia, Universidade Federal de Alagoas, Maceió, 2011.

FONSECA, D. M.; SANTOS, M.E.R.; MARTUSCELLO, J. A. Adubação de massas no Brasil: uma análise crítica. In: SIMPÓSIO SOBRE MANEJO ESTRATÉGICO DA PASTAGEM, 4. **Anais...** Viçosa: Suprema Editora, 2008, p. 295-334.

KLIEMANN, H. J.; BRAZ, A. J. P.; SILVEIRA, P. M. Taxas de decomposição de resíduos de espécies de cobertura em latossolo vermelho distroférrico. **Pesquisa Agropecuária Tropical**, Goiânia, v. 36, n. 1, p. 21-28, 2006.

MALAVOLTA, E.; HAAG, H.P.; MELLO, F.A.F.; BRASIL SOBRINHO, M.O.C. **Nutrição mineral e adubação de plantas cultivadas**. São Paulo, Ed. Pioneira, 1974. 727 p.

MATOCHA, J.E.; CONRAD, B.E.; REYES, L.; THOMAS, G.W. Valor residual do fertilizante de fósforo em um solo calcário. **Agronomy Journal**, v. 62, n. 5, p. 572-574, 1970.

MEDRADO, R.D. et al. Decomposição de resíduos culturais e liberação de nitrogênio para a cultura do milho. **Scientia Agraria**, Curitiba, v.12, n.2, p. 97- 107, 2011.

MUZILLI, **O. O manejo da fertilidade do solo: a prática de adubação verde**. In: FUNDAÇÃO INSTITUTO AGRONÔMICO DO PARANÁ, Londrina, PR. Manual agropecuário para o Paraná, Londrina, 1978. v.2,p.57-8.

MUZILLI, O.; OLIVEIRA, E.L.; GERACE, A.C.; TORNEIRO, M.T. Adubação nitrogenada em milho no paraná. Influência da recuperação do solo com adubação verde de inverno nas repostas à adubação nitrogenada. **Pesquisa Agropecuária Brasileira**, Brasília, 18(1):23-27,jan. 1983.

NICOLOSO, R. S.; LANZANOVA, M. E.; LOVATO, T. Manejo das pastagens de inverno e potencial produtivo de sistemas de integração lavoura-pecuária no estado do Rio Grande do Sul. **Ciência Rural**, Santa Maria, v. 36, n. 6, p. 1799-1805, 2006.

NOVAKOWISKI, J. H. et al. Efeito residual da adubação nitrogenada e inoculação de Azospirillum brasilense na cultura do milho. **Semina: Ciências Agrárias**, Londrina, v. 32, suplemento 1, p. 1687-1698, 2011.

OLIVEIRA JÚNIOR, A.O. et al. Soja. In. PROCHNOW, L.I.; CASARIN, V.; STIPP, S.R. (Ed.). **Boas práticas para o uso eficiente de fertilizantes: culturas**. Piracicaba, SP: IPNI, 2010. p. 1-38.

PACHECHO, L. P. et al. Ciclagem de nutrientes por plantas de cobertura e produtividade de soja e arroz em plantio direto. **Pesquisa Agropecuária Brasileira**, Brasília, v. 48, n. 9, p. 1228-1236, 2013.

RESENDE, A. V. **O sistema plantio direto proporciona maior eficiência no uso de fertilizantes**. Sete Lagoas, MG: Embrapa milho e sorgo, 2011. 23 p.

SANTOS, M.E.R.; FONSECA, D.M.; BALBINO, E.M. et al. Capim-braquiária diferido e adubado com nitrogênio: produção e caraterísticas da forragem. **Revista Brasileira de Zootecnia**, v.38, n.4, p.650-656, 2009.

SÉGUY, L.; BOUZINAC, S.; MARONEZZI, A. C. **Systèmes de culture et dynamique de la matière organique**. França, 2001. 200 p. (Doc. CIRAD).

SILVA, T.; LODI, A. L.; ORLOVICIN, N. Commodity Insight 2013. Disponível em: <http://www.intlfcstone.com.br/inteligencia-mercado/20/fertilizantes/>. Acesso em: 23 fev. 2019.

SILVA, E.C.; SILVA FILHO, A.V.; ALVARENGA, M.A.R. Efeito residual da adubação efetuada no cultivo da batata sobre a produção do feijão-de-vagem. **Horticultura Brasileira**, Brasília, v. 19, n. 3, p. 180-183, novembro 2001.

SOUSA, D. M. G. et al. Fósforo. In. PROCHNOW, L.I.; CASARIN, V.; STIPP, S.R. (Ed.). **Boas práticas para o uso eficiente de fertilizantes: nutrientes**. Piracicaba, SP: IPNI, 2010.p. 133-204.

VIEIRA, R. C. B. et al. Critérios de calagem e teores críticos de fósforo e potássio em Latossolos sob plantio direto no centro-sul do Paraná. **Revista Brasileira de Ciência do Solo**, Viçosa, v.37, n. 1, p.188-198, 2013.

ZANCANARO, L.; KAPPES, C. Manejo da fertilidade do solo em sistemas de produção no Mato Grosso. In: Congresso nacional de milho e sorgo; simpósio sobre lepdópteros comuns a milho, soja e algodão, 2014, Salvador. **Eficiência nas cadeias produtivas e o abastecimento global: palestras**. Sete Lagoas: Associação Brasileira de Milho e Sorgo, 2014. p.358-381.

CAPÍTULO III.

Atividade dos microrganismos e das enzimas na disponibilidade dos nutrientes

A agricultura convencional é responsável por causar danos ambientais devido à utilização intensiva de pesticidas e à mecanização agrícola intensiva.

A gestão convencional da produção tende a esgotar os recursos naturais, com a degradação biológica, física e química dos solos (DERPSCH, 2000; ZILLI et al., 2003).

Por outro lado, a agricultura de conservação apresenta-se como a principal e mais importante alternativa para a preservação dos recursos naturais, criando sistemas de produção conservacionistas, descritos na literatura como agroecossistema. Nesse sistema, todos os insumos químicos são drasticamente reduzidos ou até mesmo não são mais utilizados. Uma produção sustentável possibilita a continuidade da produção de alimentos que atendam a demanda, preservando os recursos naturais disponíveis (ARAÚJO; MONTEIRO; CARVALHO, 2007).

O termo qualidade ou saúde dos solos tem ganhado maior relevância nos últimos anos. O conceito de qualidade do solo é um dos componentes de um sistema de produção conservacionista e é apresentado como uma alternativa ao manejo convencional (DORAN; PARKIN, 1994; KARLEN; DITZLER; ANDREWS, 2003; SPOSITO; ZABEL, 2003).

Nesse contexto, a microbiota e a bioquímica do solo são essenciais em um agroecossistema de produção, uma vez que o desempenho produtivo das plantas cultivadas passa pela disponibilidade de nutrientes minerais. Os microrganismos do solo são um dos principais componentes para o estudo da qualidade do solo (DORAN; PARKIN, 1994).

Entre as principais funções do microbiota do solo contam-se os microrganismos nitrificantes e os fungos micorrízicos arbusculares. A atividade enzimática, como a fosfatase ácida, é um componente bioquímico importante dos solos para a disponibilidade de fósforo para as plantas, além de ser um indicador bioquímico da qualidade do solo. Tanto a atividade enzimática como a atividade de oxidação do amónio são consideradas indicadores da qualidade dos solos cultivados (JOSHI; SHARMA; MISHRA, 1993; QUILCHANO; MARANÓN, 2002; BARETTA et al., 2005).

3.1. Experiência com a enzima fosfatase ácida do solo e microrganismos oxidantes

O trabalho foi realizado na estação de café (*Coffea arabica*) do IAPAR - Instituto Agronômico do Paraná, em Londrina, Sul do Brasil, na classificação cfa (clima subtropical com tendência a temperaturas mais elevadas), na classificação climática para o estado do Paraná, Sul do Brasil (CAVIGLIONE et al., 2000). Os solos de Londrina, Sul do Brasil, apresentam predominantemente oxissolos e nitossolos com teor de argila superior a 80 %, caraterísticos de solos locais, adequados para o cultivo do café (TAVARES FILHO, 2013).

A cultivar *de Coffea arabica* utilizada no experimento é a IPR 106, material genético pertencente ao Instituto Agronômico do Paraná.

Foram coletadas 12 amostras de solo na área experimental pertencente ao Instituto Agronômico do Paraná, sendo seis amostras na linha de plantio do café e seis amostras nas entrelinhas. A profundidade de coleta das amostras foi de 0 a 10 cm.

A amostragem foi devidamente desinfectada com álcool a 70 % em cada amostragem para evitar a contaminação. Após a remoção de cada amostra, estas foram colocadas em sacos de plástico e devidamente identificadas. O transporte foi feito de forma a evitar a incidência direta da luz solar e temperaturas elevadas, para não interferir com os resultados. Após a coleta, as amostras foram colocadas em caixa de isopor com gelo para o transporte até o laboratório e armazenadas em geladeira.

Foram realizadas amostragens para avaliar a atividade da enzima fosfatase ácida, responsável pela disponibilização de fósforo para o cafeeiro; a ação de microrganismos nitrificantes, que fornecem nitrogênio e fungos micorrízicos arbusculares, componentes indicadores da qualidade do solo em agroecossistemas.

Antes das análises, as amostras foram passadas por uma peneira de malha de 2 mm. Todas as análises foram realizadas no laboratório de microbiologia do Instituto Agronómico do Paraná (IAPAR), Brasil.

3.2 Enzima fosfatase ácida

Para Duarte et al. (2015) A principal função da enzima fosfatase ácida é transformar o fósforo orgânico da matéria orgânica do solo, não disponível para as plantas cultivadas, em fósforo inorgânico, disponível para as culturas.

Trannin et al. (2007) concluíram que quanto menor o teor de fósforo, maior a atividade enzimática da fosfatase. Por outro lado, quanto maior o teor de fósforo de uma área proveniente de fertilizantes químicos fosfatados, menor a taxa de atividade enzimática da fosfatase.

A enzima fosfatase ácida é importante para catalisar inúmeras reações necessárias aos processos de vida dos microrganismos nos solos, decomposição de resíduos orgânicos, ciclagem de nutrientes e formação de matéria orgânica (MENDES; VIVALDI, 2001). Nessa perspetiva, o presente trabalho sugere que a adubação fosfatada química não é interessante quando comparada à possibilidade de se ter um manejo sustentável do solo para promover a atividade dos microrganismos e a bioquímica do solo.

O sistema conservacionista envolve o manejo com plantas de cobertura do solo, conhecidas como adubação verde, que aumentam o teor de carbono orgânico e de MOS, favorecendo as atividades microbianas e enzimáticas, que irão converter os nutrientes imobilizados pela matéria orgânica e disponibilizá-los ao cafeeiro.

Como a área do experimento possui cobertura do solo com espécies vegetais, os atributos bioquímicos e microbiológicos do solo são favorecidos, proporcionando melhor atividade da enzima fosfatase ácida, e consequentemente, melhor disponibilidade de fósforo para o café (WIC BAENA, 2013).

A absorbância da enzima fosfatase ácida indica sua atividade na área experimental com café, na área experimental do Instituto Agronômico do Paraná. Para calcular a atividade da enzima fosfatase ácida das 12 amostras, foi traçado um gráfico linear, como mostra a Figura 1. Neste caso, foram avaliadas as 12 amostras (6 a partir da linha e 6 entre as linhas).

Figura 1. Absorbância da enzima fosfatase ácida em uma área experimental de cultivo de café (*Coffea arabica*) no Instituto Agronômico do Paraná.

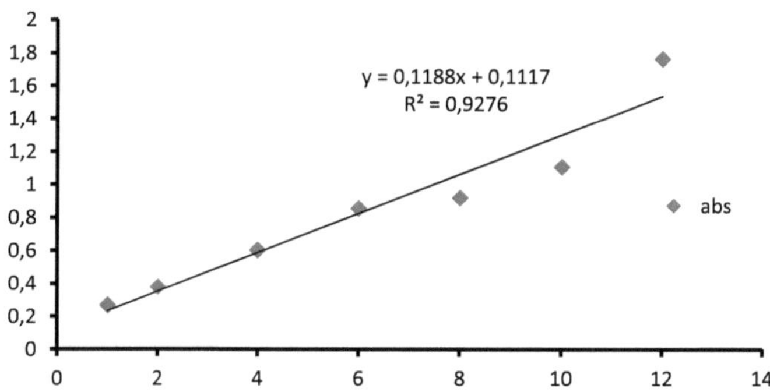

Observa-se na Figura 1 que a enzima fosfatase ácida atua significativamente nos solos da área experimental de *Coffea arabica* do IAPAR, o que é esperado, uma vez que não há adubação química fosfatada na área.

Silva et al. (2013) afirmam que devido à sensibilidade biótica e abiótica, a enzima fosfatase ácida é um parâmetro para estudar a qualidade do solo. Assim, em um sistema agrícola convencional, onde insumos químicos são excessivamente utilizados, a atividade da enzima fosfatase ácida é drasticamente reduzida, diminuindo a qualidade do solo.

Esta afirmação está em consonância com a conclusão estabelecida por Duarte et al. (2015), que afirmam que, como as enzimas são sensíveis às alterações ambientais, podem ser utilizadas como ferramentas como o planeamento do uso da terra, bem como para a conservação do solo.

3.3. Microrganismos oxidantes do amónio $(NH)_4^+$

O processo de nitrificação é especificamente microbiano, sendo caracterizado pela conversão sequencial de amónia (NH_3) em nitrito (NO_2^-), através da ação de microrganismos oxidantes de amónia, e posterior conversão de NO_2^- em nitrato (NO_3^-), por microrganismos oxidantes de nitrito (ALVES, 2011).

Como as bactérias nitrificantes quimiossintéticas Nitrosomonas e Nitrosococcus que oxidam o amónio gerando NO_2^-, o nitrito é tóxico para as plantas superiores, mas geralmente não se acumula no solo. O nitrato é a forma na qual quase todo o nitrogênio é transportado para as raízes (ALVES, 2011).

Os resultados para a avaliação da presença de microrganismos nitrificantes (oxidantes de amónio) foram obtidos após 7 semanas.

A partir dos resultados positivos ou negativos em cada uma das diluições, foi possível estimar o número mais provável de microrganismos oxidadores de amónio presentes nas zonas entre as linhas e a linha de estudo.

Observou-se que nos pontos 1 e 3 das linhas foram obtidos resultados negativos para as três diluições, assim como nas três diluições do ponto 2 da linha, estes resultados podem estar relacionados a algum erro experimental ocorrido durante a realização do experimento no laboratório.

Comparando-se os dados de linha e entrelinha, nota-se que esta última apresentou valores mais positivos para a presença de microrganismos nitrificantes, o que pode estar relacionado ao fato de que a adubação foi realizada na linha, favorecendo a existência de microrganismos.

A fitomassa favorece o aumento da capacidade de infiltração e retenção de água, a porosidade e o arejamento do solo. A massa ceifada e deixada em cobertura ou incorporada no solo, como fonte de carbono e nutrientes (fonte de energia), reduz as flutuações de temperatura e humidade, intensificando a atividade biológica.
Os microrganismos oxidadores de amônio proporcionam maiores teores de nitrogênio para a cultura do café no presente experimento, caraterística do manejo conservacionista, pois reduz o uso da adubação nitrogenada via fertilizantes químicos.

REFERÊNCIAS

ARAÚJO, A. S. F.; MONTEIRO, R. T. R.; CARVALHO, E. M. S. Efeito do lodo têxtil compostado no crescimento, nodulação e fixação de nitrogênio da soja e do feijão-caupi. **Bioresource Technlogy**, Londres, v. 97, p. 1028-1032, 2007.

ALVES, R. J. E. **Archaea oxidante de amónia em solos do Ártico Superior**. 2011. 58 f. Dissertação (Mestrado), Universitas Olisiponensis, Lisboa. Disponível em:<http://repositorio.ul.pt/bitstream/10451/4027/1/ulfc090822_tm_Ricardo_Alve s.pdf>. Acesso em: 30 jan 2019.

BARETTA, D. et al Efeito do monocultivo de Pinus e da queima do campo nativo em atributos biológicos do solo no Planalto Sul Catarinense. **Revista Brasileira de Ciência do Solo**, v.29, p. 715-724, 2005.

BONFIM, J. A. et al. Fungos micorrízicos arbusculares (FMA) e aspectos fisiológicos em cafeeiros cultivados em sistema agroflorestal e a pleno sol. **Bragantia,** Campinas, v. 69, n. 1, p.1-4, fev. 2010

CAVIGLIONE, J.H.; KIIHL, L.R.B.; CARAMORI, P.H.; OLIVEIRA, D. **Cartas Climáticas do Paraná**. Londrina, Instituto Agronômico do Paraná, 2000. CD-ROM.

CHAVES, J.C.D.; GORRETA, R.H.; DEMONER, C.A.; CASANOVA JUNIOR, G. & FANTIN, D. **O amendoim cavalo (*Arachis hypogaea*) como alternativa para o cultivo intercalar em lavoura cafeeira**. Londrina, IAPAR, 1997. 20p. (IAPAR. Boletim Técnico, 55)

DERPSCH, R. Expansão mundial do plantio direto. **Revista Plantio Direto**, Passo Fundo, v. 59, n. 1, p. 32 - 40, 2000.

DUARTE, E dos S.; RIBEIRO, M.C.O.; MELO, I.G.; TEIXEIRA, G.D.; FAGGI, A.M.; MARRIEL, I.E. Atividade de Fosfatase Ácida e Alcalina do Solo de Área Minerada em Diferentes Estágios de Regeneração Ambiental. **Anais...** Congresso Brasileiro de Ciência do Solo. Natal, RN, 2015.

DORAN, J. W.; PARKIN, T. B. Definição e avaliação da qualidade do solo. In: DORAN, J.W.; COLEMAN, D.C.; BEZDICEK, D. F.; STEWART, B. A. (Org.) **Defining soil quality for a sustainable environment**. Madison: SSSA, 1994. p. 3-21.

JOSHI, S. R.; SHARMA, G. D.; MISHRA, R. R. Actividades enzimáticas microbianas relacionadas com a decomposição de folhada perto de uma autoestrada numa floresta subtropical do Nordeste da Índia. **Soil Biology & Biochemistry**, Exeter, v. 25, n. 12, p. 1763-1770, 1993.

KARLEN, D. L.; DITZLER, C. A.; ANDREWS, S. S. Qualidade do solo: porquê e como? **Geoderma**, Amesterdão, v. 114, n. 3/4, p. 145-156, 2003

LADD, J.N. Origem e gama de enzimas no solo. In: BURNS, R.G. (ed), **Soil Enzymes**. Londres, Academic Press, 1978. p.51-96.

MENDES, I.C; VIVALDI, L. **Dinâmica da biomassa e atividade microbiana em uma área sob mata de galeria na região do DF**. In: Ribeiro, J. F.; Fonseca, C. E. L. da; Sousasilva, J. C. (Ed.). **Cerrado: caraterização e recuperação de Matas de Galeria**. Planaltina: Embrapa-CPAC, p. 664-687, 2001.

MOREIRA, F.M.S.; SIQUEIRA, J.O. **Microbiologia e Bioquímica do Solo**. 2ª edição ampliada. Editora UFLA. Lavras, MG. 2006, 744 p.

QUEIROZ, J. F de.; BOEIRA, R.C. **Boas Práticas de Manejo (BPMs) para Reduzir o Acúmulo de Amônia em Viveiros de Aquicultura**. Comunicado Técnico. ISSN 1516-8638. EMBRAPA Meio Ambiente, Jaguariúna, 5 p. 2007

QUILCHANO, C.; MARANÓN, T. Atividade da desidrogenase em solos de floresta mediterrânica. **Biology and Fertility of Soils**, Berlim, v. 35, n. 2, p. 102-107, 2002.

SILVA, A.E.O.; PAIVA, A dos S.; SILVA, J.M da.; BARROS, J.A de.; INÁCIO, E.B dos S.; MEDEIROS, E. V de. **Atividade enzimática em diferentes áreas sob diferentes estágios de regeneração florestal**. XIII Jornada de ensino, pesquisa e extensão - UFRPE: Recife, 09 a 13 de dezembro, 2013

SPOSITO, G.; ZABEL, A. A avaliação da qualidade do solo. **Geoderma**, Amsterdão, v. 114, n. 3/4, p. 143-144, 2003.

TRANNIN, I.C. DE B.; SIQUEIRA, J.O.; MOREIRA, F.M. de S. Caraterísticas biológicas do solo indicadoras de qualidade após dois anos de aplicação de biossólido industrial e cultivo de milho. **Revista Brasileira de Ciência Solo**, v.31, p.1173-1184, 2007.

VITTI, M. R. et al. População de fungos micorrízicos arbusculares (FMAs) em pomar de pessegueiro conduzido numa perspetiva de transição pra o sistema agroecológico. **Departamento de Fitotecnia,** Pelotas, v. 1, n. 1, p.1-4, 3 mar. 2005.

TAVARES FILHO, J. **Física e Conservação do Solo e Água**. Eduel, Londrina, 2013, 253 p.

WIC BAENA, C.; ANDRÉS-ABELLÁN, M.; LUCAS-BORJA, M.E.; MARTÍNEZ-GARCÍA, E.; GARCÍA-MOROTE, F.A.; Rubio, E.; López-Serrano, F.R. Efeitos do desbaste e da recuperação nas propriedades do solo em dois locais de uma floresta mediterrânica, na montanha Cuenca (Sudeste de Espanha). **Forest Ecology and Management**, v 308, p. 223-230, 2013.

ZILLI, J.E.; RUMJANEK, N.G.; XAVIER, G.R.; H.L.C.; NEVES, M.C.P. Diversidade microbiana como indicador de qualidade de solo. **Cadernos de Ciência & Tecnologia**, Brasília, v. 20, n. 3, p. 391-411, set./dez. 2003

CAPÍTULO IV.
CULTURAS DE INTEGRAÇÃO

O Brasil é um dos países com maior extensão territorial do mundo, possui 851.487.659 ha, dos quais 254.671.000 ha é a área destinada a pastagens, lavouras e florestas plantadas. No entanto, cerca de 80 milhões de ha são de pastagens degradadas causadas principalmente pelo manejo inadequado dos animais, manejo e práticas culturais como o uso do fogo, ocorrência de pragas e negligência de práticas de conservação do solo e da água (EMBRAPA, 2012).

No contexto das mudanças climáticas, o sistema de produção Integração Lavoura-Pecuária-Floresta ou apenas Integração Lavoura-Pecuária pode ser uma alternativa muito interessante para fazer uma agricultura sustentável. Experimentos realizados na Fazenda Modelo do IAPAR - Instituto Agronômico do Paraná (Brasil), no município de Ponta Grossa, sugerem que o componente arbóreo remove o dióxido de carbono, um dos principais gases de efeito estufa ou gás de estufa, e o carbono é retirado da atmosfera e incorporado ao solo como carbono orgânico, favorecendo a nutrição das culturas.

Para esse contexto, é de fundamental importância o uso racional e conservacionista dos solos como a adoção de um Sistema de Plantio Direto de qualidade, associado a outras práticas conservacionistas como o uso de terraços que atendam a capacidade de uso da terra, aumentando a capacidade de infiltração de água no solo, reduzindo os processos erosivos (TAVARES FILHO, 2013) e o Sistema de Integração Lavoura, Pecuária e Floresta, uma estratégia de produção que integra atividades agrícolas, pecuárias e florestais realizadas na mesma área. área, com cultivos intercalares ou rotativos, a fim de aumentar as interações ecológicas e econômicas dos sistemas de produção (EMBRAPA, 2009).

Nas áreas onde o sistema de integração de culturas é implantado, há menor risco de quebra de safra, proporcionando maior estabilidade do sistema produtivo. Atualmente é adotado em todo o território nacional, principalmente nas regiões Centro-Oeste e Sul.

Alvarenga e Noce (2005) descrevem as integrações de culturas como a diversificação ou consorciação de atividades agrícolas e pecuárias dentro da propriedade rural, de forma harmônica, em um mesmo sistema.

Macedo (2009) ressalta que os sistemas de integração lavoura-pecuária são alternativas para a recuperação de pastagens degradadas e para a agricultura anual, que melhoram a produção de palha para o plantio direto e as propriedades químicas, físicas e biológicas do solo. Esses sistemas também possibilitam o uso mais eficiente de equipamentos e aumentam o emprego e a renda no campo, além de contribuir para viabilizar o plantio direto, com a palha produzida por pastagens tropicais bem manejadas.

Além disso, a pastagem proporciona à cultura um solo mais bem estruturado, devido ao sistema radicular abundante e ao resíduo de matéria orgânica deixado na superfície e subsuperfície do solo (LOSS et al., 2011; SILVA et al., 2011), proporcionando benefícios recíprocos e reduz a degradação física, química e biológica do solo resultante de cada uma das explorações (KLUTHCOUSKI; STONE, 2003).

Para Faria et al. (2015), os sistemas de integração de culturas ainda proporcionam benefícios ambientais como a redução do desmatamento, bem como a necessidade de abertura de novas áreas para uso agrícola. Nesse sentido, somente na região do Cerrado, onde existem mais de 55 milhões de ha ocupados por pastagens, a maioria degradada, as integrações de culturas são uma estratégia a ser adotada nessas áreas.

A literatura também aponta que a integração de culturas é interessante para o conforto térmico dos animais, uma vez que o sombreamento moderado das pastagens pode reduzir a temperatura ambiente promovendo benefícios aos rebanhos, como aumento do tempo de pastejo e ruminação e redução do tempo ocioso. refletem no desempenho do gado quanto ao ganho de peso e produção de leite (PIRES et al., 2010).

Outros autores, como Vilela et al. (2008), defendem que os sistemas integrados reduzem a necessidade de utilizar demasiados pesticidas, uma vez que, segundo os investigadores, há uma quebra no ciclo das pragas e das doenças.

Além de todos os benefícios descritos em decorrência da implantação de sistemas de integrações de culturas, ainda há o benefício econômico, pois há produção rentável de mais de uma cultura ou lavoura em uma determinada área, integrada com animais, aumentando a produção total da propriedade agrícola, pois permite que a mesma seja explorada durante todo o ano, o que significa aumento da oferta de grãos, carne e leite a um custo menor devido ao sinergismo entre lavoura e pastagem (FARIA et al., 2015).

REALIZAÇÃO DE UM PROJECTO: CULTURAS DE INTEGRAÇÃO

Estabelecer objectivos específicos e gerais

- Implementar o Sistema de Produção Conservacionista na área em questão para uma melhor gestão do sistema de produção, do ponto de vista sustentável e económico.
- Recuperação de pastagens degradadas.
- Fornecer alimentos aos animais durante todo o ano utilizando uma pastagem de inverno.
- Diversificar os rendimentos imobiliários, procurando aumentar a produtividade.
- Proporcionar um maior rendimento económico, respondendo ao problema da obtenção de rendimentos durante o inverno.

Metodologia proposta para o projeto

Serão feitas análises de solo de toda a propriedade, separadas por talhões, para que se possa fazer a correção do solo, inclusive na área de pastagem degradada.

Nesta primeira fase de adoção do manejo de integração de culturas, onde a correção do solo ainda estará ocorrendo, o terraceamento é importante, pois a propriedade possui declividade acentuada e não possui proteção contra erosão, sendo um possível contaminante do Rio Tibagi que passa na parte baixa.

O próximo passo é readequar a mata ciliar do rio, que conta atualmente com cerca de 3 ha plantados com eucaliptos com mais de 7 anos.

O reflorestamento da mata ciliar deve ser feito de forma adequada, com espécies nativas e em etapas, sem colher todo o eucalipto ao mesmo tempo para não deixar as margens do rio desprotegidas, para que as plantas mais próximas ao rio não sejam colhidas e continuem compondo a mata ciliar que será reflorestada.

Após todo o processo de correção do solo e terraceamento tem de ser feita a dessecação das ervas daninhas para iniciar a plantação de culturas anuais, esta dessecação pode tornar-se desnecessária nos anos seguintes com uma boa gestão do sistema de integração de culturas e contribui inicialmente para a acumulação de palha, que é muito pobre na área.

Posteriormente, deve-se semear a soja, utilizando a cultivar Brasmax Potência, e fazer todos os manejos necessários dentro do seu ciclo, como adubação de cobertura, aplicação de fungicidas e herbicidas.

A soja será semeada entre fileiras de eucaliptos, que serão plantados em linha única, evitando altos níveis de sombreamento sobre as culturas anuais, com espaçamento de 3 m entre plantas e 18 m entre fileiras.

O clone utilizado será o *Eucalyptus grandis* Planflora GPC23, semeado após a soja e manejado de acordo com as necessidades da cultura.

Após a colheita da soja, será feito o plantio da pastagem perene nas partes mais altas da propriedade, utilizando-se o Tifton 85, uma gramínea do gênero *Cynodon* spp, que pode ser plantada tanto em regiões frias quanto em regiões quentes, adaptando-se bem à situação da região, onde há geadas devido à altitude no inverno e altas temperaturas no verão. O plantio de forrageiras perenes deve ser feito por talhões, para que haja alimento para os animais durante a fase de reforma do pasto, podendo ser auxiliado com ração ou silagem.

A forrageira de inverno será plantada após a colheita da soja, e a espécie escolhida foi a Aveia, cultivar IAPAR 61, uma espécie adaptada a grandes altitudes e mais tolerante a geadas, minimizando o problema de perdas de culturas de inverno que ocorrem na propriedade.

Antes da entrada dos animais na área de plantio de inverno, as linhas de eucalipto recém-plantadas devem ser protegidas com cerca elétrica, e o proprietário já possui esse material, sem demandar mais custos. Práticas de manutenção como a correção do solo e o manejo necessário para a cultura do eucalipto, como a poda e o desbaste das árvores, são importantes para a manutenção do sistema implantado para evitar o sombreamento intensivo e comprometer a produtividade da soja e da pastagem.

CARACTERÍSTICAS DOS COMPONENTES DO SISTEMA

Componente da cultura - Soja

Cultivar Brasmax Potencia:

Caraterísticas: Alto potencial produtivo. Uma das culturas mais importantes para os Estados Unidos, China e Brasil.

Componente da cultura - Aveia

A cultivar escolhida é a IAPAR 61, com ciclo: 135-140 dias, o que permite 8 a 10 ciclos de pastejo. A semeadura deve ser feita de meados de março a abril, ao norte do estado.

Os animais devem ser admitidos 35 a 45 dias após a emergência, quando as plantas têm 30-35 cm de altura. É necessário retirar os animais quando as plantas tiverem 10-15 cm de altura, deixando-os com 18-21 dias de repouso.

O IAPAR 61 suporta uma taxa de encabeçamento de 2-3 UA (unidade animal) / ha e é semeado num espaçamento entre linhas de 17-20 cm e a uma densidade de 300 sementes por hectare ou 50 kg por hectare.

Componente das culturas - Tifton

A cultivar Tifton 85 tem um rendimento médio de 20 toneladas de massa seca em seis cortes anuais, rizomas grossos subterrâneos que mantêm as suas reservas de hidratos de carbono e nutrientes, conferindo-lhe resistência à seca, às geadas, aos incêndios e à utilização de pastagens. intensiva.

O espaçamento entre linhas é de 50 cm e o plantio deve ser feito com solo úmido. São necessários 20 sacos de mudas (ramas) por hectare, com 12 kg cada saco.

A formação da pastagem leva cerca de 90 dias, com relatos na literatura de crescimento mais rápido girando em torno de 60-70 dias.

Componente da cultura - Milho de silagem

O híbrido tem um ciclo precoce, cerca de 100-115 dias, que será semeado em agosto com o objetivo de produzir silagem para suprir a procura de alimentos em épocas de baixa produção e de forragem.

Componente Arbóreo - Eucalipto

Clone Planfora GPC23:

No manejo das mudas é importante que elas sejam desbastadas, ou seja, colocá-las a pleno sol, com irrigação, antes de transplantá-las para o campo.

Na época do plantio, se não houver chuva imediatamente acima de 30 mm; recomenda-se ainda a irrigação das mudas no dia do plantio, com 2 litros de água por muda. Além do combate a formigas e cupins na área, é necessário fazer um pré-tratamento das mudas com inseticida à base, minimizando a perda por ataque desses insetos. No caso do plantio de mudas em tubetes, pode ser feito manualmente (EMBRAPA, 2012).

A partir do segundo ano de implantação até o quarto, recomenda-se a capina para promover o crescimento das plantas e a qualidade da madeira, bem como para evitar danos aos animais quando estes entram no sistema (EMBRAPA, 2012).

Componente pecuária - Bovinos de leite

Recomendado: Holandesa

A principal qualidade é a capacidade de produzir grandes volumes de leite. Outro ponto a salientar é a notável melhoria conseguida na raça Holstein em volume (ou quilogramas) de componentes de gordura e proteína, no entanto, tem baixa longevidade quando comparada com outras raças e é muito exigente em termos de nutrição.

Os principais benefícios tecnológicos para a propriedade decorrentes desta Proposta de Projeto são: melhoria dos atributos físicos (superfície e subsuperfície), químicos (fertilidade) e biológicos (microbiota) do solo devido ao aumento da matéria orgânica (LANG, 2004; FLORES et al., 2008). Há também outros benefícios como a redução das perdas de produtividade na ocorrência do veranico, quando associado a práticas de correção da fertilidade do solo e plantio direto (BALBINO et al., 2011), e promoverá a diversificação, rotação e consorciação de culturas dentro da propriedade, além disso, permitirá que ela seja explorada durante todo o ano (VILELA et al., 2001; KLUTHCOUSKI; YOKOYAMA, 2003; ALVARENGA; NOCE, 2005). Possibilitará também a melhoria da eficiência de uso de fertilizantes e capacidade diferenciada de absorção de nutrientes (LUSTOSA, 1998; CARVALHO et al., 2010).

A Proposta de Projeto proporcionará um microclima favorável ao aumento do índice de conforto térmico com a presença dos animais à sombra das árvores, em contraposição à exposição direta ao sol ou às baixas temperaturas do inverno, o que é muito importante para produzir reflexos positivos na produtividade e rendimento da reprodução animal (SILVA et al., 2001).

Outra contribuição relevante deste Projeto será o cumprimento de protocolos e acordos internacionais referentes às emissões de gases de efeito estufa, uma vez que uma vez implementado o Projeto (com manejo conservacionista do solo) ocorrerá o sequestro de carbono da atmosfera para o solo e ainda aumentará os teores de matéria orgânica do solo nas primeiras camadas do solo (CARVALHO et al., 2008).

Os componentes arbóreos também são importantes para o meio ambiente, pois além de atuarem como estabilizadores térmicos e interceptores de nuvens de radiação solar, com seus resíduos vegetais no solo também atuam como interceptores e armazenadores de água da chuva (PRIMAVESI, 2007).

A maior vantagem oferecida pelo sistema é a estabilidade da produção, com menor risco de quebra de safra. No entanto, para garantir o sucesso, o produtor deve ser comprometido e dedicado, seguindo as instruções corretas de manejo do sistema, além de realizar investimentos.

Com as culturas de integração, estamos a produzir alimentos, a preservar a natureza e a lutar contra as alterações climáticas. Além disso, estudos recentes mostram que a alteração do zonamento agroclimático pode modificar alguns tipos de alimentos, como a fruticultura, mas continuaremos a ter alimentos.

As alterações climáticas são um facto, são um problema sério, mas temos estudos, artigos, livros e muitos cientistas a trabalhar arduamente para criar tudo o que for possível para combater as alterações climáticas. E as culturas de integração são interessantes neste contexto. **Sustentável** significa produções com preservação e não parar para produzir ou comer.

REFERÊNCIAS

ALVARENGA, R.C.; NOCE, M.A. **Integração lavoura-pecuária**. Sete Lagoas: Embrapa Milho e Sorgo, 2005. 16p. (Embrapa Milho e Sorgo. Documentos, 47).

BALBINO, L. C.; CORDEIRO, L. A. M.; PORFIRIODA- SILVA, V.; MORAES, A.; MARTÍNEZ, G. B.; ALVARENGA, R. C.; KICHEL, A. N.; FONTANELI, R. S.; SANTOS, H. P.; FRANCHINI, J. C.; GALERANI, P. R. Evolução tecnológica e arranjos produtivos de sistemas de integração lavourapecuária- floresta no Brasil. **Pesquisa Agropecuária Brasileira**, Brasília, v. 46, n. 10, p.i-xii, out. 2011b.

CARVALHO, J. L. N.; AVANZI, J. C.; CERRI, C. E. P.; CERRI, C. C. Adequação dos sistemas de produção rumo à sustentabilidade ambiental. **Savanas**: desafios e estratégias para o equilíbrio entre sociedade, agronegócio e recursos naturais. Planaltina, DF: Embrapa cerrados; Brasília, DF: **Embrapa Informação tecnológica**, 2008. p. 671-692.

CARVALHO, P. C. F.; ANGHINONI, I.; MORAES, A. Manejo de animais em pastejo para a ciclagem de nutrientes e melhoria do solo em sistemas integrados de plantio direto. **Ciclagem de Nutrientes em Agroecossistemas**, v. 88, p. 259-273, 2010b.

EMBRAPA - Empresa Brasileira de Pesquisa Agropecuária. **Macro referencial**: integração lavoura, pecuária e floresta. Brasília: Embrapa Informação Tecnológica, 2009, 132p.

EMBRAPA - Empresa Brasileira de Pesquisa Agropecuária. **Sistemas de Integração Lavoura Pecuária Floresta: A Produção Sustentável**. Brasília (DF), 2012, 239 p.

EMBRAPA - Empresa Brasileira de Pesquisa Agropecuária. **Comunicado Técnico**: Escolha de cultivares de eucalipto em função do ambiente e do uso, 2013, 11p.

FARIA, C. A. A de.; FERREIRA, L. R.; OLIVEIRA NETO, S. N de.; SILVA, M. L da.; CHIZZOTI, F. H. M.; GOMES, R. J. **Sistema de Integração Milho, Capim-Braquiária e Eucalipto**. Universidade Federal de Viçosa, UFV, Viçosa (MG), 2015, 48p.

FLORES, J. P. c.; ANGHINONI, I.; CARVALHO, P. c. F. Atributos químicos do solo em função da aplicação superficial de calcário em sistema de integração lavoura-pecuária submetido a pressões de pastejo. **Revista Brasileira de Ciência do Solo**, v. 32, p. 2385-2396, 2008.

KLUTHCOUSKI, J.; STONE, L.F. Desempenho de culturas anuais sobre palhada de braquiária. In: KLUTHCOUSKI, J.; STONE, L.F.; AIDAR, H. (Ed.). **Integração lavoura-pecuária**. Santo Antônio de Goiás: Embrapa Arroz e Feijão, 2003. p.501-522.

KLUTHCOUSKI, J.; YOKOYAMA, L. P. Opções de integração lavoura-pecuária. In: KLUTHCOUSKI, J.; STONE, l. F.; AIDAR, h. (ed.). **Integração lavoura-pecuária**. Santo Antônio de goiás: Embrapa Arroz e Feijão, 2003. p. 129-141.

LANG, c. R. **Pastejo e nitrogênio afetando os atributos químicos do solo e rendimento de milho no sistema de integração lavoura-pecuária**. 2004. 89 f. tese (Doutorado em Agronomia) -universidade Federal do Paraná, Curitiba, 2004.

LOSS, A.; PEREIRA, M.G; GIÁCOMO, S.G.; PERIN, A.; ANJOS, L.H.C. dos. Agregação, carbono e nitrogênio em agregados do solo sob plantio direto com integração lavoura-pecuária. **Pesquisa Agropecuária Brasileira**, v.46, p.1269-1276, 2011.

LUSTOSA, S. B. C. **Efeito do pastejo nas propriedades químicas do solo e no rendimento de soja e milho em rotação com pastagem consorciada de inverno no sistema de plantio direto**. Curitiba, 1998. 84 f. Dissertação (Mestrado em Agronomia - ciência do Solo) - Universidade Federal do Paraná, 1998.

PIRES, M. F. A; PACIULLO, D. S.; PIRES, J.A.A. Conforto térmico animal no Sistema Integração Lavoura Pecuária Floresta. **Informe Agropecuário**, v.31, n.257, p.81-89, 2010.

PRIMAVESI, O. **A pecuária de corte brasileira e o aquecimento global**. São Carlos: Embrapa Pecuária Sudeste, 2007. 42 p. (Documentos, 72).

SILVA, R.F. da; GUIMARÃES, M. de F.; AQUINO, A.M. de; MERCANTE, F.M. Análise conjunta de atributos físicos e biológicos do solo sob sistema de integração lavoura-pecuária. **Pesquisa Agropecuária Brasileira**, v.46, p.1277-1283, 2011.

SILVA, V. Arborização de pastagens como prática de manejo ambiental e estratégia para o desenvolvimento sustentável no Paraná. In: CARVALHO, M. M. de; ALVIM, M. J.; CARNEIRO, J. da C. (Org.). **Sistemas agroflorestais pecuários**: opções de sustentabilidade para áreas tropicais e subtropicais. 1. ed. Juiz de Fora: Embrapa gado de leite; FAO, 2001. v. 1. p. 235-255.

TAVARES FILHO, J. **Física e Conservação do Solo e Água**. Eduel, Londrina (PR), 2013, 253 p.

VILELA, L.; BARCELLOS, A. de O.; SOUSA, D.M.G. de. **Benefícios da integração entre lavoura e pecuária**. Planaltina: Embrapa Cerrados, 2001. 21p. (Embrapa Cerrados. Documentos, 42).

CAPÍTULO V

. Variabilidade da precipitação pluviométrica e análise de riscos de períodos de seca para a cultura da soja (*glycine max l.*) no oeste do estado do Paraná, Brasil

RESUMO

Apesar dos recentes avanços científicos e tecnológicos, o clima ainda é a principal variável para o sistema de produção das culturas, considerado de fundamental importância para o sucesso ou insucesso da cultura da soja (*Glycine max* L.), principal cultura cultivada no Brasil e no estado do Paraná (Sul do Brasil). Períodos de estiagem são extremamente prejudiciais à produção agrícola e, portanto, estudos que identifiquem a frequência e a intensidade desses eventos são relevantes para o planejamento agrícola e para a tomada de decisões. O objetivo deste trabalho foi avaliar a variabilidade da precipitação pluvial e determinar a frequência de períodos de estiagem durante o ciclo da soja, na região Oeste do Estado do Paraná. Para tanto, foram utilizados dados meteorológicos de 48 estações, distribuídas ao longo do Oeste do Estado do Paraná, no período de 1976 a 2018. Analisou-se a variabilidade da precipitação pluviométrica nas escalas anual, mensal e de 10 dias, e as frequências de períodos de estiagem de 10 dias de setembro a março e $\geq$ 20 dias durante o ano, e utilizou-se o Balanço Hídrico Climatológico (BALC) durante o ciclo da soja, segundo o método de Thornthwaite e Mather. A Capacidade de Água Disponível (CAD) utilizada foi de 20 mm. Foi verificada variabilidade pluviométrica na área de estudo, porém com chuvas suficientes para as necessidades da cultura da soja. A topografia favorece a distribuição das chuvas na região do estudo. A região Sul apresenta as maiores médias pluviométricas, enquanto a região Norte apresenta as menores. As freqüências dos períodos de seca por períodos móveis de 10 dias apresentaram um máximo de 35 % entre os meses de setembro e março na região. Os períodos com menor risco são ao longo do mês de outubro, seguidos de 10 de dezembro a 5 de janeiro. Os maiores riscos de períodos de seca concentram-se no mês de setembro, devido ao início irregular da estação das chuvas. Os resultados deste estudo ajudam a escolher as melhores épocas de semeadura para que as fases mais sensíveis do ciclo da soja ocorram nos períodos de menor risco.

Palavras-chave: variabilidade da precipitação; planeamento agrícola; períodos de seca, riscos climáticos.

INTRODUÇÃO

Apesar dos avanços tecnológicos na agricultura, o clima continua a ser a variável mais importante na produção das culturas. As variáveis naturais mais significativas no processo produtivo são provenientes do clima e sua variabilidade continua sendo um desafio e é a principal causa das oscilações na produtividade agrícola. O clima é responsável por 80 % da variabilidade da produção agrícola mundial (CARAMORI et al., 2008; FAO, 2014; CARAMORI et al., 2016).

A precipitação é o elemento mais importante e o atributo meteorológico mais significativo nas zonas tropicais e subtropicais, onde a sua distribuição variável e a ocorrência de períodos extremos entre secas e chuvas em excesso, influenciam as produções das culturas (PELL et al., 2007; MICHLER et al., 2018).

As variáveis naturais mais significativas no processo produtivo, independente do modo de produção são provenientes do clima e são consideradas insumos e a principal fonte de energia do sistema terrestre (SANT'ANNA NETO, 2015).

A água afeta todos os processos fisiológicos que ocorrem na planta, como a absorção radicular, o transporte de nutrientes, a termorregulação e a hidratação, essenciais para manter a estrutura e a atividade celular da planta (TAIZ; ZEIGER, 2009). Nesse contexto, diversos estudos têm focado no déficit hídrico na produção da cultura da soja, e esses estudos compreendem os impactos do déficit hídrico na cultura da soja (ADEBOYE et al., 2019; AKHTAR et al., 2019; BENCKE-MALATO et al., 2019; JUNIOR; SENTELHAS, 2019).

As condições agrometeorológicas interferem diretamente na escolha das culturas a serem produzidas em uma determinada região, época de semeadura, uso de agroquímicos, práticas de manejo e irrigação. Estudos que identificam e preveem períodos de secas, chuvas intensas, ventos e geadas contribuem para o planejamento e manejo das culturas, visando à obtenção do melhor rendimento líquido (PATHMESWARAN et al. 2018; WIRÉHN, 2018; SANTI et al., 2018; DE SOUSA; DE OLIVEIRA, 2018; DE SOUZA et al., 2018; TAYT'SOHN et al., 2018; AGOVINO et al., 2019;).

A cultura da soja é a principal atividade agrícola do Brasil e do estado do Paraná, no sul do Brasil. É cultivada na estação primavera-verão, entre os meses de setembro e março, utilizando cultivares precoces, para permitir uma segunda safra de milho. A variabilidade das chuvas e o déficit hídrico é a principal causa de perda de produtividade da soja (FARIAS et al., 1997; PEDERSEN; LAUER, 2004; STÜLP et al., 2010;

ALVARES et al., 2013; GARCIA et al., 2018; ZARO et al., 2018; JUNIOR e SENTELHAS, 2019).

É evidente que a disponibilidade hídrica é um dos elementos mais importantes para a cultura da soja, afetando o potencial produtivo da cultura, no Brasil (FARIAS et al., 2007, SENTELHAS et al., 2015, BATTISTI et al., 2017; GAJIĆ et al., 2018; BENCKE-MALATO et al., 2019).

O objetivo deste trabalho foi avaliar a disponibilidade hídrica e determinar a freqüência de períodos de estiagem durante as estações primavera-verão, visando contribuir para o planejamento da cultura da soja na região Oeste do Estado do Paraná, Brasil.

MATERIAL E MÉTODOS

Caracterização da área de estudo

O Oeste do Estado do Paraná possui uma população de aproximadamente 1 milhão de habitantes, e a principal atividade econômica é a agricultura (IBGE, 2018). Nessa região, a ocupação do solo ocorreu rapidamente, de 1950 a 1980 a área aumentou e nesse processo, as culturas de ciclo curto, como mandioca e arroz, foram substituídas por trigo soja e milho. O Oeste do Estado do Paraná como uma relevância fundamental para as produções de culturas do Estado (MEDEIROS; ZANÃO JUNIOR, 2015).

O Oeste do Estado do Paraná possui clima Cfa segundo a classificação climática de Köppen, com irregularidades na distribuição das chuvas que causam quebra de safra (NITSCHE et al., 2019; MINUZZI; CARAMORI, 2015; JACONDINO et al., 2018).

A produção de soja na região Oeste do Paraná foi de pouco mais de 4,0 milhões de toneladas na safra 2016/17, enquanto nas demais regiões do Estado, no mesmo ciclo da cultura, a produção foi de aproximadamente 17 milhões de toneladas. Os municípios de Cascavel e Toledo se destacam com produção anual em torno de 200 mil toneladas (Figura 1).

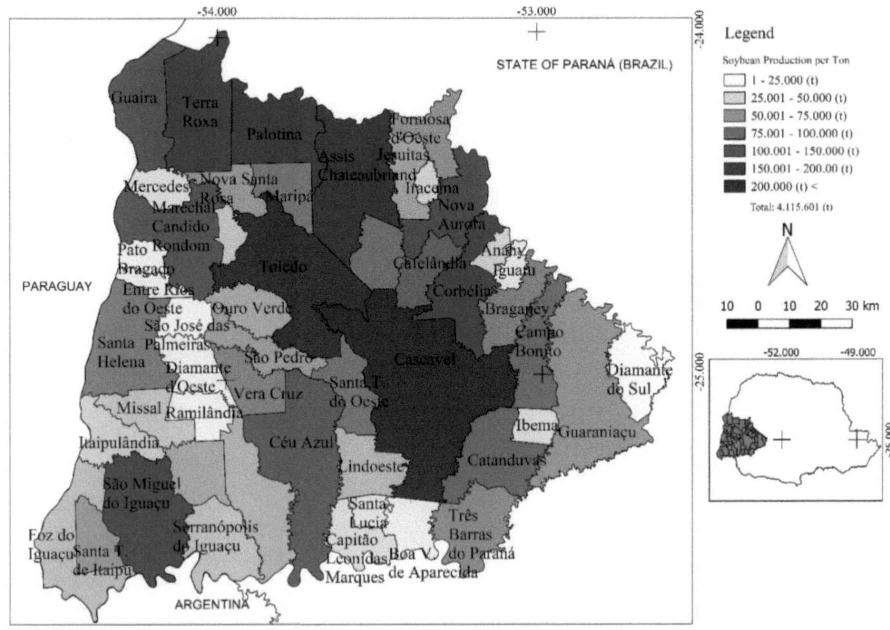

Figura 1 - Produção de soja na região Oeste do Estado do Paraná, Brasil.

Procedimentos metodológicos

O banco de dados foi composto por dados pluviométricos diários de 48 estações das estações meteorológicas do Instituto Agronômico do Paraná (IAPAR), Instituto das Águas Paraná (ÁGUAS PARANÁ), Instituto Nacional de Meteorologia (INMET), Agência Nacional das Águas (ANA) e Sistema Meteorológico do Paraná (SIMEPAR). As estações estão distribuídas no Oeste do Estado do Paraná (Figura 2), com períodos homogêneos de observação de dados diários, de 1976 a 2018. Os dados altimétricos também foram utilizados para identificar possíveis fatores geográficos que possam interferir na distribuição regional das chuvas. A topografia da região ascende do Norte, Sul e Oeste, para o sentido Centro-Leste com altitudes em torno de 100-200 m a 800-900 m.

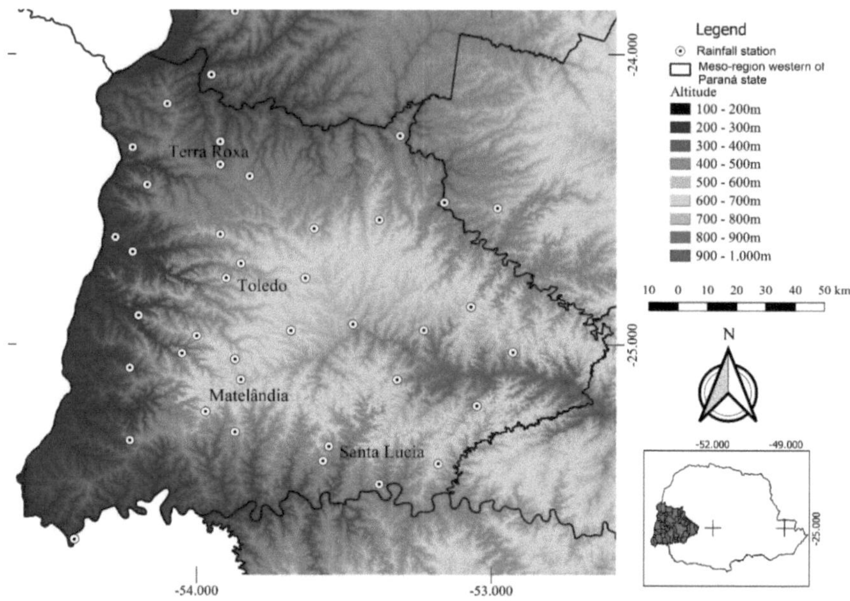

Figura 2 - Hipsometria e localização das Estações Meteorológicas na área de estudo.
Fontes: ANA; ÁGUAS PARANÁ; INMET; IAPAR.

Os dados espaciais de precipitação pluviométrica da região Oeste do Estado do Paraná foram representados por interpolação utilizando o algoritmo Inverse distance weighted (IDW), que é um método apropriado para a representação espacial de dados pluviométricos (MUELER, 2004). Os mapas foram criados utilizando o software Qgis. Para esse procedimento, os mapas foram transformados em formato raster, gerando uma malha fina de células de grade (pixels) que incorporam um valor numérico. Cada pixel das imagens geradas possui uma resolução espacial de 1 km x 1 km (ELY; DUBREUIL, 2017). Os vizinhos mais próximos possuem uma distância média de 20 km e foram interpolados com uma distância de 2,0.

A variabilidade da precipitação foi explorada através de gráficos Box Plot ou diagramas de caixa. Este procedimento é interessante para fornecer uma visão rápida da distribuição dos dados. Se a distribuição for simétrica a caixa é equilibrada com mediana igual à média e posicionamento no centro. Para distribuições assimétricas há um desequilíbrio da caixa em relação à mediana (SILVESTRE et al., 2014, p.27). Os gráficos foram criados com o programa Statistica® software.

Os Box plots representam cinco valores de classificação. Os outliers foram divididos em discrepantes (valores acima do máximo considerado, mas não extremos) e extremos, considerados como quaisquer valores maiores que Q3 + 1,5 (Q3 - Q1) ou menores que Q1 - 1,5 (Q3 - Q1). Na caixa, são classificados três quartis com 25 % dos dados, além do valor da mediana, equivalente ao segundo quartil, ou 50 % dos dados (LEM et al., 2013, SCHNEIDER; DA SILVA, 2014). Dessa forma, os valores médios e extremos são definidos por estação analisada, de acordo com sua série de dados.

A análise de Box plot foi aplicada aos dados de precipitação das estações dos municípios de Matelândia, Santa Lúcia, Terra Roxa e Toledo (Figura 2). As estações meteorológicas foram escolhidas por apresentarem variabilidades pluviométricas significativas e, também, por serem representativas para as diferentes classes de chuva analisadas.

Análise dos períodos de seca

Esta análise consistiu na verificação das probabilidades de dias secos consecutivos em consequência da variabilidade e distribuição regional da precipitação. Para este estudo, foram considerados eventos de chuva aqueles com pelo menos 1 mm (ZARO et al., 2018).

Foram analisados os seguintes métodos para a identificação da ocorrência de períodos de seca:

a) Períodos consecutivos de 10 dias sem chuva: A soja é cultivada no Estado do Paraná no período de setembro a março, com diferenças de ciclo em função da data de semeadura e da temperatura. As estiagens nesse período, conhecidas como "períodos de seca", foram identificadas em uma sequência de dez dias sem chuvas durante o ciclo da cultura. As avaliações consistiram em determinar as frequências do número de períodos consecutivos de 10 dias sem chuva. As análises de frequência foram efectuadas através de uma escala móvel de 10 dias (1 de setembro[st] a 10th ; 2 de setembro[nd] a 11th ; 3 de setembro[rd] a 12th e assim sucessivamente. Esse procedimento evita a omissão de períodos consecutivos de escalas de 10 dias sem chuva que poderiam ocorrer ao se considerar apenas os decis 1-10, 11-20 e 20-30 de cada mês.

b) Períodos ≥ 20 dias sem precipitação: Foi verificada a ocorrência de períodos consecutivos sem chuvas de 20 dias ou mais e os períodos de maiores secas de cada ano na série de dados. Também foi feita uma análise descritiva da média dos eventos que tiveram

20 dias ou mais sem chuva, total de dias acima de 20 dias sem chuva, e erro e desvio padrão nesses mesmos períodos. Foram calculadas as frequências dos períodos de secas e o ajuste dos maiores períodos de secas anuais à distribuição de valores extremos cuja função densidade de probabilidade f (X) e a função de probabilidade acumulada F (X) têm o seguinte formato (ASSIS et al. 1996; COSTA et al., 2009):

$$f(X) = \frac{1}{\beta} \, e^{-\frac{x-a}{\beta}} \, e^{-e^{-\frac{x-a}{\beta}}}$$

$$F(X) = \frac{1}{\beta} \, -e^{-\frac{x-a}{\beta}}$$

em que X é a variável aleatória, α é o parâmetro que controla a posição da curva no eixo das abcissas e β é o parâmetro que controla as dimensões da curva, dada uma forma constante.

A linha de tendência foi realizada com o método não paramétrico de Mann-Kendall, foi calculada utilizando o software Past, a partir do conjunto de testes estatísticos (incluindo o Mann-Kendall) alocados na ferramenta de séries temporais. Esse teste tem como objetivo identificar se em uma determinada série de dados analisados existe uma tendência temporal de mudança estatisticamente significativa (SALVIANO et al, 2016).

Para este estudo foi utilizado o método de Lieblein para estimar os parâmetros α e β e o teste de aderência de Kolmogorov-Smirnov, conforme descrito por Assis (1996) e Costa et al. (2009).

Foram utilizadas como modelos as estações meteorológicas dos municípios de Matelândia, Santa Lúcia, Terra Roxa e Bom Princípio (Toledo).

O Balanço Hídrico Climatológico (BALC) foi obtido através do método de Thornthwaite e Mather (1955), considerando a equação com os valores de diversas variáveis meteorológicas e a capacidade de água disponível no solo proporcional à profundidade efetiva das raízes das espécies analisadas. Foram considerados os dados médios mensais de precipitação pluviométrica (extraídos dos totais mensais de cada ano) e a temperatura média mensal (extraída das médias mensais dos valores diários de cada ano). Em seguida, foi calculada a evapotranspiração potencial (ETP), de acordo com o método de Thornthwaite.

A estimativa foi calculada que 80% das raízes da soja estão a 15 cm de profundidade e a Capacidade de Água Disponível (CAD) utilizada foi de 20 mm (ZARO et al., 2018). Diferente das análises anteriores, foram utilizados dados de temperatura média, evapotranspiração e precipitação, sendo necessários dados de estações meteorológicas completas. Para isso, foram utilizadas as estações completas do SIMEPAR em Assis Chateaubriand, Cascavel, Foz do Iguaçu, São Miguel do Iguaçu e Toledo. A estimativa foi feita apenas para os meses de cultivo da soja.

RESULTADOS E DISCUSSÃO

Distribuição da precipitação

A média anual de precipitação no Oeste do Estado do Paraná (Figura 3) apresenta discrepância. Nas áreas mais distantes, Norte e Oeste, os valores mínimos são de 1600 mm, enquanto que nas áreas Leste, Central e Sul apresentaram máximas de 1950 mm. A precipitação pluviométrica apresenta semelhança com a altitude da região (Figura 02), com a área mais baixa da região de 100 a 300 m em média, próxima ao Rio Paraná e baixo Iguaçu, com menores alturas de precipitação, enquanto a área mais alta do Oeste do Estado do Paraná de 450 m a 800 m apresenta as maiores alturas de precipitação.

A precipitação pluviométrica na região Oeste do Estado do Paraná é afetada por diferentes fatores, entre eles a continentalidade, as formas topográficas, a altitude e os sistemas de deslocamento. As frentes frias são caracterizadas pelo encontro da massa de ar polar com a massa de ar quente e húmido continental. Este facto pode gerar fortes instabilidades atmosféricas, muitas vezes com formação de cumulonimbus e tempestades severas, acompanhadas de fortes rajadas de vento e precipitação de granizo, ou chuva de intensidade fraca a moderada, mas com uma duração de dias em que a frente permanece estacionária. Estes fenómenos ocorrem durante o outono, inverno e primavera (NITSCHE et al., 2019; CALDANA et al., 2019a; CALDANA et al., 2019b). Com a influência da topografia sobre a distribuição da precipitação no microclima, a distribuição anual da precipitação pode ser influenciada pela intensidade desse Sistema (CALDANA et al., 2018).

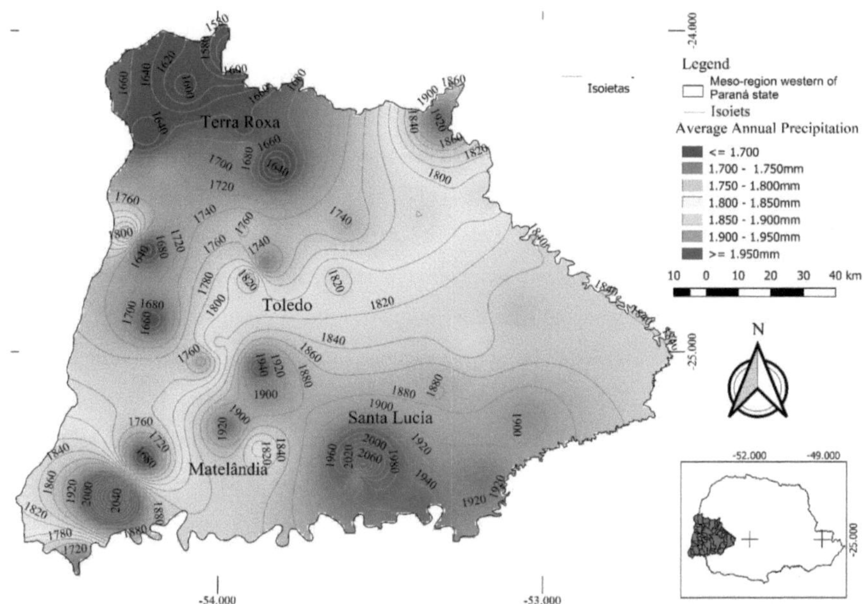

Figura 3. Média anual de precipitação no Oeste do Estado do Paraná. **Fontes:** ANA; ÁGUAS PARANÁ; INMET; IAPAR.

Como observado, a topografia na área sul da região tem uma rápida elevação, de 200 a 900 m (Figura 1); esse choque com a topografia pode trazer mais chuvas na área mais alta CALDANA et al., 2019a).

Esse aspeto contribui para a ocorrência de chuvas nas áreas em que a topografia ascende no sentido do município de Cascavel, tanto na direção do Rio Paraná (Oeste-Leste), quanto na direção do Rio Iguaçu (Sul-Norte). Em ambas as direções há um desnível abrupto, de 200 a 900 m e de 400 a 900 m, respetivamente.

Outros dois tipos principais de formação de precipitação na região são os Sistemas Convectivos e os Complexos Convectivos de Mesoescala (CCM), que actuam ao longo de todo o ano, no entanto, predominam na primavera e no verão. Os CCM são identificados nas imagens de satélite pela sua forma aproximadamente circular e por uma vasta área de cobertura das tempestades. São definidos como um aglomerado de cumulonimbus coberto por uma densa camada de cirrus e sistemas de nuvens convectivas com rápido crescimento vertical e horizontal durante um período de 6 a 12 horas.

Dependendo de sua intensidade, podem criar vários núcleos com formação de tempestades e incidência de granizo. Seu deslocamento é normalmente no sentido Oeste -

Leste, vindo do Paraguai. A forma da topografia, as áreas montanhosas e a elevação altimétrica em curtas distâncias contribuem para a elevação do ar quente e úmido, fortalecendo esse sistema e provocando mais chuvas nessas áreas. Os sistemas convectivos se diferenciam destes pela menor extensão espacial, formando vários núcleos de precipitação dispersos pelo Estado do Paraná (TREFAULT et al., 2018; CALDANA et al., 2018; CALDANA et al., 2019a).

Para esse contexto, a topografia também contribui para a formação e intensidade do Sistema Convectivo, influenciando na distribuição regional desigual. A localização do Estado em uma área de transição climática contribui para as discrepâncias de temperatura e, consequentemente, de pressão, influenciando no deslocamento dos sistemas (CARAMORI et al., 2001; CALDANA et al., 2018). Ainda vale ressaltar que a região está localizada na fronteira com o Paraguai e Argentina e no centro da América do Sul, não sofrendo influência marítima.

Para complementar a análise por meio do box plot (Figura 4) foi possível verificar uma discrepância significativa entre as alturas de precipitação na estação de Matelândia em relação às demais. O intervalo entre Q1 e Q3 foi de 1.290 mm a 2.195 mm. A mediana foi de 1.975 mm e o valor máximo foi de 3.006 mm, a maior precipitação anual registrada na série das estações analisadas.

Mesmo com uma precipitação máxima inferior à da estação de Matelândia, as medianas das estações de Toledo e Santa Lúcia exibiram valores próximos ao de Matelândia, com 1.860 e 1.805 mm, respetivamente. Os valores máximos verificados foram 2.620 e 2.610 mm, respetivamente.

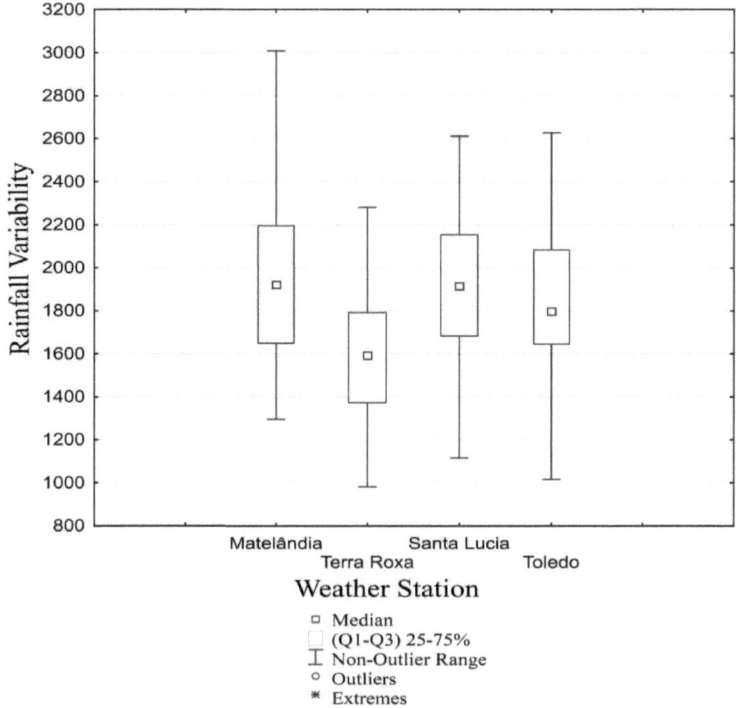

Figura 4 - Variabilidade da precipitação anual no Oeste do Paraná. **Fontes:** ANA; ÁGUAS PARANÁ; INMET; IAPAR.

A estação do município de Terra Roxa apresentou valores com relativa dispersão em relação às demais. A mediana foi de 1.602 mm e os valores máximos e mínimos variaram de 2.260 a 960 mm, respetivamente. Este último foi o menor valor de precipitação anual registrado entre as estações analisadas. O intervalo entre Q1 e Q3 de Terra Roxa foi de 1.798 a 1.385 mm, respetivamente. Mesmo com a discrepância entre as localidades, toda a região tem sido chuvosa pela média anual, não sendo um fator limitante para a produção da cultura da soja.

Salton et al. (2016) estudaram com a climatologia de episódios de precipitação em três localidades do Estado do Paraná. E identificaram padrões semelhantes, apesar de não terem analisado nenhuma estação na Mesorregião Oeste do Paraná. Sob o enfoque climatológico, a precipitação pluviométrica no Estado do Paraná é caracterizada por quantidades significativas na primavera e verão, época de plantio da soja destacada no presente estudo, mas identificaram maior duração no outono e inverno. As peculiaridades climáticas regionais, influenciadas pela nebulosidade e radiação solar incidente, aspectos da topografia e vegetação e, principalmente, pela dinâmica da circulação atmosférica nas diferentes estações do ano, provocam diferentes configurações locais na quantidade, distribuição, duração e intensidade dos episódios de precipitação, conforme identificado na distribuição regional da precipitação no Oeste do Estado do Paraná.

A variabilidade mensal das precipitações pluviométricas no ciclo da soja (Figura 05) apresentou distribuição semelhante na região. A estação de Matelândia apresentou seis valores discrepantes na série, sendo um na parte inferior do box plot. Em dezembro foi identificado um valor extremo de 505 mm. As medianas desses meses variaram de 195 mm (outubro) a 160 mm (setembro).

A estação Santa Lúcia apresentou cinco valores discrepantes na parte superior do box plot, sendo três no mês de janeiro e um em novembro e dezembro, e um valor menor em janeiro. Foram observadas duas alturas de precipitação abaixo de 20 mm mensais nos meses de fevereiro e dezembro, sendo os meses que apresentaram maior variabilidade, com oscilação de 16 a 470 mm.

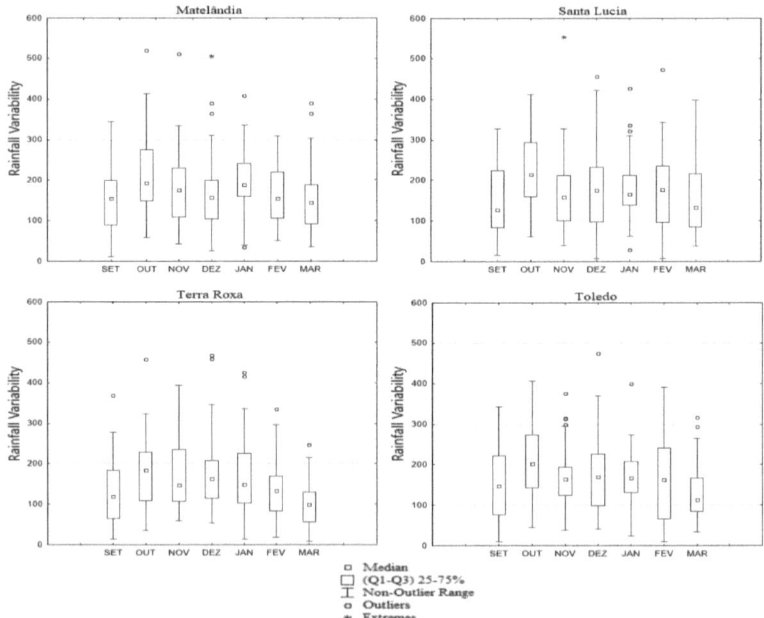

Figura 5 - Variabilidade da precipitação pluviométrica durante o ciclo da cultura da soja no Oeste do Paraná. **Fontes:** ANA; ÁGUAS PARANÁ; INMET; IAPAR.

Para a estação de Terra Roxa foram identificados cinco valores discrepantes, todos na parte superior do box plot, sendo um no mês de outubro, um em fevereiro e dois em dezembro e um em janeiro. A estação apresentou os menores valores de precipitação, com medianas de todos os meses abaixo de 180 mm.

Na estação de Toledo foram observados cinco valores discrepantes, todos na parte superior do box plot, nos meses de novembro, dezembro e janeiro. Apenas o mês de outubro teve uma mediana superior a 200 mm, enquanto na parte inferior, o mês de fevereiro apresentou o menor valor de precipitação mensal, com 13 mm.

A distribuição média mensal da precipitação foi satisfatória para a cultura da soja na região. As medianas permanecem em todos os cenários acima de 100 mm, e em alguns meses, acima de 200 mm, mas há risco de chuvas com valores discrepantes como na parte inferior do box plot em Matelândia e Santa Lúcia, ou, chuvas mensais inferiores a 20 mm, como observado em todas as estações, principalmente no mês de setembro.

As escalas de 10 dias de precipitação (Figura 6) apresentaram variação e inúmeros valores discrepantes ou extremos. Apenas cinco períodos de dez dias não registraram ausência de precipitação - Matelândia 01/02; Santa Lúcia 01/11 e 03/12; Decanato Land Rover 01/10; Toledo 10 dias 03/12. O acúmulo de dias consecutivos sem chuvas pode ser determinante para o crescimento, desenvolvimento e produtividade da soja.

Nos estádios fenológicos reprodutivos, se a deficiência hídrica coincidir com a floração e o início da formação das vagens, ocorre o aborto de flores e vagens. O número final de vagens depende do vigor das plantas durante o período de floração e das condições climatéricas. No entanto, é na fase entre a formação das vagens e o enchimento dos grãos (R3-R5) que a deficiência hídrica se torna crítica. Assim, dez dias sem chuva, dependendo do período de desenvolvimento da cultura, podem ser determinantes para o sucesso da cultura (FEHR; CAVINESS, 1977; FARIAS et al., 1997; FARIAS et al., 2007; BOARD; KAHLON, 2011; YEE-SCHAN et al., 2013).

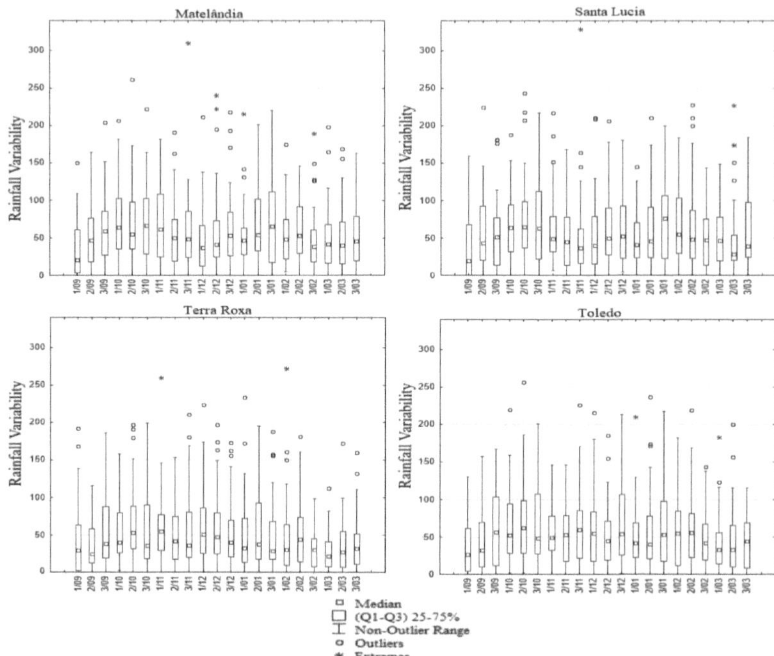

Figura 6 - Variabilidade decendial da precipitação pluviométrica dos meses do ciclo da soja na Região Oeste do Estado do Paraná. **Fontes:** ANA; ÁGUAS PARANÁ; INMET; IAPAR.

As escalas de 10 dias analisadas exibiram uma variabilidade significativa de precipitação, como por exemplo no dia 03/12/11, variando de 0 a 312 mm. Com exceção de Terra Roxa, o dia 01/12/09 apresentou a menor mediana da região. A partir de outubro, mesmo com a expressiva variabilidade, as escalas de 10/10 ,10 dias exibiram medianas superiores a 50 mm, sugerindo expressiva regularidade pluviométrica.

Análise da frequência dos períodos secos

10 dias consecutivos sem precipitação

As frequências relativas dos períodos de seca móvel de 10 dias (Figura 7) apresentam variação de 3 % a aproximadamente 35 % entre os meses de setembro e março no Oeste do Estado do Paraná. Os períodos com menor risco são no mês de outubro, seguido de 10 de dezembro a 5 de janeiro. Os maiores riscos de ocorrência de períodos de estiagem concentram-se na primeira quinzena de setembro, com picos acima de 30 %.

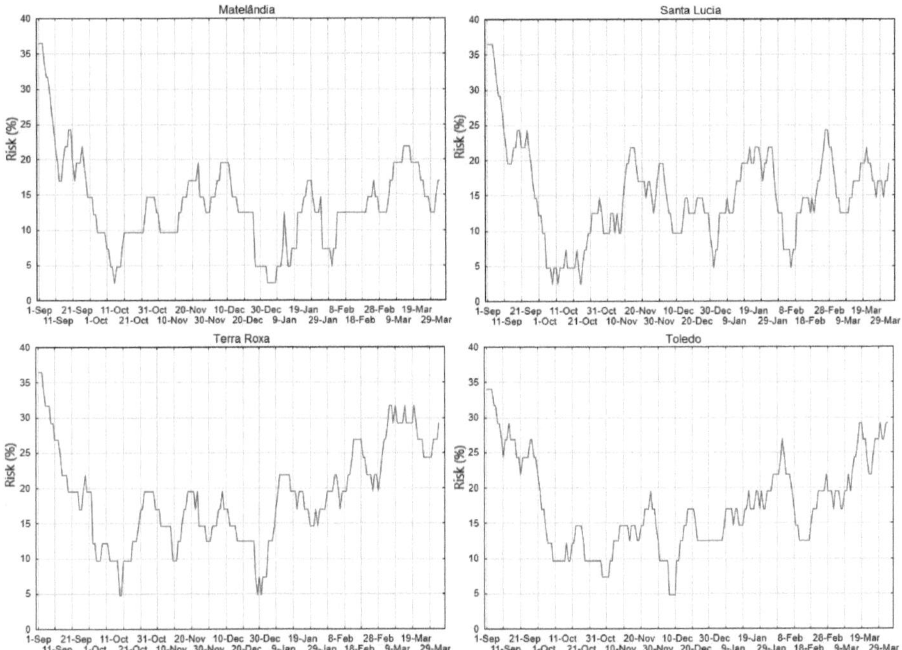

Figura 7 - Freqüência de ocorrências de períodos secos, em decêndios entre setembro a março no Oeste do Estado do Paraná, Brasil. **Fontes:** ANA; ÁGUAS PARANÁ; INMET; IAPAR).

No período de dezembro a janeiro a soja encontra-se nos estágios fenológicos reprodutivos nesta região. Nas fases de floração, formação de grãos a soja tem considerável necessidade de água (FEHR; CAVINESS, 1977). Durante esses dois meses, o risco varia de 5 a 25%, porém, é menor do que nos meses de novembro, fevereiro e março. No mês de janeiro houve poucas ocorrências de períodos de seca de 10 dias, destacando-se a estação de Terra Roxa com um risco significativo, enquanto as estações de Santa Lúcia e Matelândia, localizadas no Sul da região, apresentaram as menores frequências.

Na segunda quinzena de janeiro existe um risco de ocorrência de períodos de seca, com uma variabilidade de 10 a 20 %, no entanto nesta altura a maioria das culturas da região já se encontram em maturação fisiológica, dependendo da época de sementeira, que se realiza entre finais de setembro e meados de outubro, dependendo da disponibilidade de água. O risco aumenta nos meses de fevereiro e março, mas coincide com a senescência e a colheita.

Períodos ≥ 20 dias sem chuva durante o ano

A maioria dos anos tem pelo menos um período de 20 dias consecutivos sem chuva (Figura 08). A estação com mais ocorrências anuais foi Terra Roxa com 106 eventos entre 1986 e 2017. Apenas o ano de 2000 não teve pelo menos 20 dias sem chuva nesta localidade. Não foi possível identificar tendências de aumento ou diminuição dessas ocorrências no período relativamente curto de dados analisados.

Figura 08 - Ocorrências de pelo menos 20 dias consecutivos sem chuvas no Oeste do Estado do Paraná, Brasil. **Fontes:** ANA; ÁGUAS PARANÁ; INMET; IAPAR.

A estação com o menor número de ocorrências foi Matelândia, com 53 ocorrências durante a série analisada. Foram identificados quatro anos na série sem nenhuma precipitação dentro de 20 dias.

A distribuição de dias consecutivos sob secas extremas (Figura 11), foi identificada que, mesmo na região com alturas de precipitação elevadas registadas. O risco de atingir pelo menos 20 dias sem qualquer precipitação é de cerca de 80 %, enquanto que para as outras estações é de 90 %.

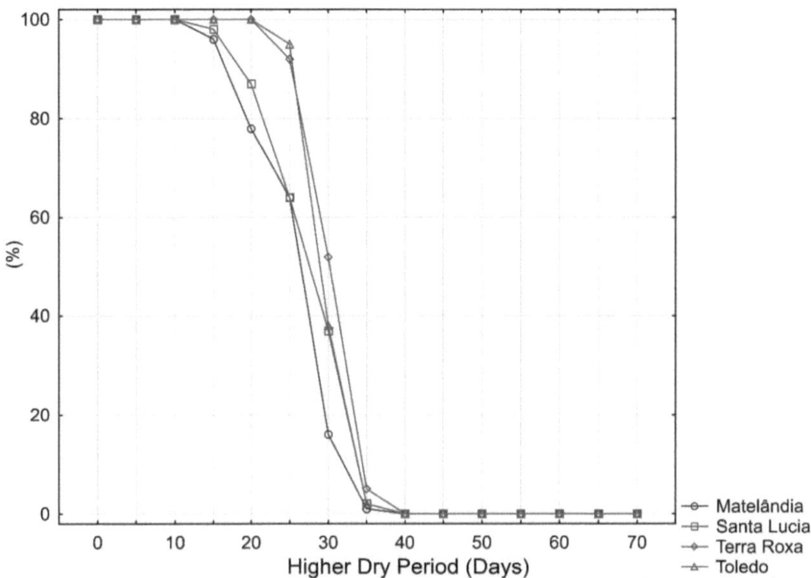

Figura 09. Probabilidade acumulada do maior período seco anual na Meso-região Oeste, de acordo com a distribuição dos extremos **Fonte:** ANA; ÁGUAS PARANÁ; INMET; IAPAR.

O risco tende a zero para durações de 30 a 40 dias sem chuvas. Essas ocorrências foram poucas no período em que as lavouras de soja estão em campo na estação de Matelândia, utilizada como exemplo (Tabela 01). Três das ocorrências foram em março, período de colheita tardia, não apresentando risco para a cultura da soja. A soja pode produzir com um déficit hídrico máximo de 60 mm ao longo do ciclo (DEBIASI et al., 2013). Uma delas, sendo a mais severa, ocorreu praticamente durante todo o mês de setembro, com precipitação acumulada de 1,1 mm, indicando mais uma vez a importância de se ajustar o período de semeadura para o mês de outubro.

Tabela 01: Data de ocorrência com ausência de registros de chuvas na estação de Matelândia, durante o ciclo da soja no campo, setembro a março (Precipitação < 1 mm. dia^{-1}).

Dados	Ano	Precipitação total (mm)
09 a 28 de janeiro	1978	0mm
10 a 31 de janeiro	1982	0mm
23 de fevereiro a 17 de março	1987	0mm
06 a 28 de março	1988	8,6 mm
08 a 31 de março	2002	0mm
13 de novembro a 02 de dezembro	2008	0mm
23 de novembro a 30 de dezembro	2011	4,7 mm
01 a 29 de setembro	2017	1,1 mm

Verificou-se que nenhuma das estações analisadas apresentou risco para o cultivo da soja, considerando a média (Figura 10).

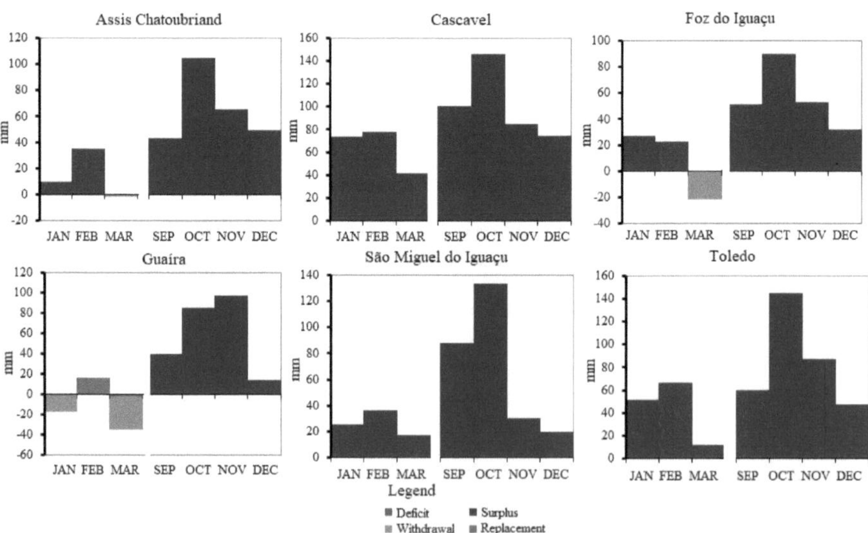

Figura 10 - Ocorrências de pelo menos 20 dias consecutivos sem precipitação no Oeste do Estado do Paraná, Brasil. **Fontes:** ANA; ÁGUAS PARANÁ; INMET; IAPAR.

A exemplo do município de Terra Roxa, citado nas análises anteriores, Guaíra localizado no extremo Norte da região Oeste do Estado do Paraná e na área mais seca, foi o que exibiu riscos expressivos devido ao balanço hídrico, o déficit nesta estação foi de 57 mm, não atingindo o máximo de 60 mm. Mesmo assim, o maior déficit ocorre no mês de março, período em que a cultura está em colheita, não havendo risco para a produção. Para as demais áreas da região, o extrato do balanço hídrico foi favorável.

Caldana et al. (2019c) estudaram com um fragmento da região Oeste, na Bacia do Rio Paraná III. Os autores analisaram as variáveis agrometeorológicas da região quanto à aptidão climática para o cultivo. De acordo com os pesquisadores, a precipitação pluviométrica é suficiente para as exigências das plantas nessa região. Mesmo não analisando ano a ano como o presente estudo, a região apresenta uma distribuição regular de chuvas, mesmo que ocorram eventos sem registro de chuvas.

Zaro et al. (2018) realizaram uma análise interanual da produtividade da soja e do milho em relação ao déficit hídrico no Estado do Paraná, porém, reduziram o período de cultivo apenas para os meses de novembro a fevereiro. Considerando termos agronômicos de produtividade, a região Oeste do Paraná é classificada como apta ao cultivo da soja.

Este estudo demonstra a importância do planejamento agrícola da cultura da soja na região Oeste do Estado do Paraná, visando reduzir riscos e obter os maiores rendimentos, contribuindo para a tomada de decisão. Há necessidade de adequar a época de semeadura, visando sempre o período mais regular de chuvas, correspondente ao mês de outubro. Portanto, a ocorrência das fases de soja em desenvolvimento dos grãos, termo adotado por Fehr e Caviness (1977) para descrever esta fase da soja e a maturação fisiológica nos meses de dezembro e janeiro é fundamental para minimizar os riscos de períodos de estiagens que podem ocasionar quebra de safra nos rendimentos fisiológicos e produtivos da soja, na região Oeste do Estado do Paraná.

CONSIDERAÇÕES FINAIS

A precipitação média é suficiente para a produção de soja. No entanto, a distribuição das chuvas não é regular tanto na escala anual como em períodos mais curtos durante o ciclo da cultura, no Oeste do Estado do Paraná

Durante o ciclo da cultura da soja, o maior risco ocorre nos meses de setembro, fevereiro e março, porém em fevereiro e março a cultura já está em senescência. A semeadura é recomendada no mês de outubro, para garantir eficiência na emergência e estabelecimento. Além disso, o período de floração e desenvolvimento dos grãos ocorre entre dezembro e janeiro, onde também há menor risco de deficiência hídrica na região Oeste do Estado do Paraná. O Balanço Hídrico Climatológico indicou que não há riscos para o cultivo da soja no Oeste do Paraná.

As estações localizadas na área mais baixa da região (Oeste, Norte e Sudoeste), próximas aos rios Paraná e Iguaçu, apresentaram alturas pluviométricas menores do que aquelas localizadas em altitudes mais elevadas das áreas central, leste, nordeste e sul. O fator que justifica essa discrepância é a rápida ascensão do relevo, tanto do rio Paraná (Oeste-Leste) quanto do baixo Iguaçu (Sul-Norte), 200-900 m e 400-900 m, respetivamente. No município de Terra Roxa, localizado na região de menor precipitação pluviométrica da região, os riscos de períodos consecutivos de estiagem são maiores do que nas demais localidades, porém, mesmo nas áreas mais secas da região as condições são aptas para o cultivo da soja.

REFERÊNCIAS

ADEBOYE, O. B. et al. Avaliação do desempenho do AquaCrop na simulação do armazenamento de água no solo, rendimento e produtividade hídrica da soja de sequeiro (Glycine max L. merr) em Ile-Ife, Nigéria. **Agricultural Water Management**, v. 213, p. 1130-1146, 2019.

AGOVINO, M. et al. Agricultura, alterações climáticas e sustentabilidade: O caso da UE-28. **Ecological Indicators**, Ecological Indicators, v. 105, p. 525-543, 2019.

AKHTAR, K. et al. A cobertura morta da palha de trigo compensa a deficiência de umidade do solo para melhorar o desempenho fisiológico e de crescimento da soja semeada no verão. **Gestão de água agrícola**, v. 211, p. 16-25, 2019.

ALVARES, C. A. et al. Mapa de classificação climática de Köppen para o Brasil. **Meteorologische Zeitschrift**, v. 22, n. 6, p. 711-728, 2013.

ASSIS, F. N. et al. **Aplicações de estatística à climatologia: teoria e prática.** Pelotas: UFPel, 1996. 161 p.

BENCKE-MALATO, M. et al. Respostas de curto prazo das raízes de soja aos efeitos individuais e combinatórios de [CO_2] elevado e déficit hídrico. **Plant Science**, v. 280, p. 283-296, 2019.

BEREZUK, A. G.; SANT'ANNA NETO, J. M. Eventos climáticos extremos no oeste paulista e norte do Paraná, nos anos de 1997, 1998 e 2001. **Revista Brasileira de Climatologia**, v. 2, p. 9-22, 2006.

BEREZUK, A. G. Eventos Extremos: Estudo da Chuva de Granizo de 21 de abril de 2008 na Cidade de Maringá-PR. **Revista Brasileira de Climatologia**, v. 5, p. 153-164, 2017.

BERLATO, M. A. et al. Evapotranspiração máxima da soja e relações com a evapotranspiração calculada pela equação de Penman, evaporação do tanque "classe A" e radiação solar global. **Agronomia Sulriograndense**, v. 22, n. 2, p. 243-259, 1986.

BOARD, J. E.; KAHLON, C. S. Formação da produtividade da soja: o que a controla e como pode ser melhorada? In: EL-SHEMY, H. A. Soybean **physiology and biochemistry (Fisiologia e bioquímica da soja).** Croácia: In Tech, p. 1-36. 2011.

BOOTE, K. J. et al. Testing effects of climate change in crop models. In: HILLEL, D.; ROZNZWEIG, C. **Handbook of climate change and agroecosystems**. Londres: Imperial College Press, 2010. p. 109-129.

CALDANA, N. F. S. et al. Ocorrências de Alagamentos, Enxurradas e Inundações e a Variabilidade Pluviométrica na Bacia Hidrográfica do Rio Iguaçu. **Revista Brasileira de Climatologia**, v. 23, p. 343-355, 2018.

CALDANA, N. F. S. et al. Gênese, Impacto e a Variabilidade das Precipitações de Granizo na Mesorregião Centro-Sul Paranaense, Brasil. **Caderno De Geografia**, v. 29, p. 61-80, 2019a.

CALDANA, N. F. D. S., NITSCHE, P. R., MARTELÓCIO, A. C., RUDKE, A. P., ZARO, G. C., BATISTA FERREIRA, L. G., ... & MARTINS, J. A. Zoneamento de risco agroclimático do abacateiro (*Persea americana*) na bacia hidrográfica do rio Paraná III, Brasil. **Agricultura**, v. 9, n. 263, p. 1-11, 2019b.

CARAMORI, P. H. et al. Zoneamento de riscos climáticos para a cultura do café (*Coffea arabica* L.) no Paraná. **Revista Brasileira de Agrometeorologia**, Santa Maria, v. 9, n. 3, p.486-494, 2001.

CARAMORI, P. H. et al. Sistema de alerta para geadas na cafeicultura do Paraná. **Informe Agropecuário,** v. 28, p. 66-71, 2007.

CARAMORI, P. H. et al. Zoneamento agroclimático para o pessegueiro e a nectarineira no Estado do Paraná. Revista Brasileira de Fruticultura, v. 30, n. 4, p. 1040- 1044, 2008.

CARAMORI, P. H. et al. Agrometeorologia operacional no estado do Paraná. **Agrometeoros**, Passo Fundo, v.24, n.1, p.65-70, 2016.

CASAGRANDE, E. C. et al. Expressão gênica durante déficit hídrico em soja. **Revista Brasileira de Fisiologia Vegetal**, v. 13, n. 2, p. 168-184, 2001.

COSTA, A. B. F. et al. **Análise climatológica de dias consecutivos sem chuva no Estado do Paraná.** In: III Simpósio Internacional de Climatologia, 2009, Canela - RS. Mudanças de Clima e Extremos e Avaliação de riscos futuros, planejamentos e desenvolvimento sustentável, 2009.

DERAL. Departamento de Economia Rural do Estado do Paraná. **Tabela de Produção Agrícola por Município.** Disponível em < http://www.agricultura.pr.gov.br/modules/conteudo/conteudo.php?conteudo=137> Acesso em 14 fev. 2019.

DESCLAUX, D. et al. Identificação de caraterísticas da planta de soja que indicam o momento do estresse por seca. **Crop science**, v. 40, n. 3, p. 716-722, 2000.

ELY D. F.; DUBREUIL, V. Análise das Tendências Espaço-Temporais das Precipitações anuais para o Estado do Paraná - Brasil. **Revista Brasileira de Climatologia**, v. 21, n. 13 p. 553-569, 2017.

FAO. **Variabilidade e perdas na produção**. [Roma, 2014]. Disponível em: http://www.fao.org/nr/climpag/agroclim/losses_en.asp. Acesso em: 02 Ago. 2020

FARIAS, J. R. B., et al. Zoneamento agroclimático da cultura da soja para o estado do Paraná. **EMBRAPA-CNPSo**, 1997.

FARIAS, J. R. B. et al. Ecofisiologia da soja. **Embrapa Soja-Circular Técnica (INFOTECA-E)**, 2007.

FEHR, W. R; CAVINESS, C. E. **Stage of soybean development**. Ames: Iowa State University of Science and Techonology, 11p, 1977.

GARCIA, R. A. et al. Sucessão soja-milho em função da data de semeadura. **Pesquisa Agropecuária Brasileira**, v. 53, n. 1, p. 22-29, 2018.

JACONDINO, W. D. et al. Análise de Veranicos Intensos na Região Sul do Brasil e Condições Sinóticas Associadas. **Anuário do Instituto de Geociências**, v. 41, n. 2, 2018.

JÚNIOR, R. de S. N.; SENTELHAS, P. C. Sucessão soja-milho no Brasil: Impactos das datas de semeadura na variabilidade climática, rendimentos e rentabilidade econômica. **European Journal of Agronomy**, v. 103, p. 140-151, 2019.

LEM, S. et al. A interpretação heurística de box plots. **Learning and Instruction**, v. 26, p. 22-35, 2013.

MEDEIROS, R. M. et al. Aptidões climáticas: caju, palma forrageira e milho no município de São Bento do Una-PE, Brasil. **Revista de Análise e Progresso Ambiental**, v. 3, n. 3, p. 310-318, 2018.

MINUZZI, R. B.; CARAMORI, P. H. Variabilidade climática sazonal e anual da chuva e veranicos no Estado do Paraná. **Ceres**, v. 58, n. 5, p. 593-602, 2015.

MUELLER, T. G. et al. Qualidade do mapa para krigagem ordinária e interpolação ponderada pela distância inversa. **Soil Science Society of America Journal**, v. 68, n. 6, p. 2042-2047, 2004.

NITSCHE, P. R., et al., **Atlas Climático do Estado do Paraná**. Londrina, PR: Instituto Agronômico do Paraná - IAPAR. 2019. Disponível em: < http://www.iapar.br/modules/conteudo/conteudo.php?conteudo=677 > Acesso em: 12 out. 2019.

PATHMESWARAN, C. et al. Impacto de eventos climáticos extremos na produtividade do coco em três zonas climáticas do Sri Lanka. **European Journal of Agronomy**, v. 96, p. 47-53, 2018.

PEDERSEN, P.; LAUER, J. G. Resposta dos componentes de rendimento da soja ao sistema de manejo e à data de plantio. **Agronomy Journal**, v. 96, n. 5, p. 1372-1381, 2004.

PELL, M. C. et al. Atualização do mapa mundial da classificação climática de Köppen - Geiger. **Hydrology and Earth System Sciences**, v. 11, n. 01, p. 1633-1644, 2007.

SALTON, F. G. et al. Climatologia dos episódios de precipitação em três localidades no estado do Paraná. **Revista brasileira de meteorologia**, v. 31, n. 4, p. 626-638, 2016.

SALVIANO, M. F.; GROPPO, J. D.; PELLEGRINO, G. Q. Análise de tendências em dados de precipitação e temperatura no Brasil. **Revista Brasileira de Meteorologia**. v. 31, n. 31, p. 64-73, 2016.

SANCHEZ, J. L. et al. Estarão as condições meteorológicas a favorecer a alteração da precipitação de granizo no Sul da Europa? Análise do período 1948-2015. **Atmospheric Research**, v. 198, p. 1-10, 2017.

SANT'ANNA NETO, J. L. Weather Lore de Pindorama: o conhecimento sobre o tempo e o clima no período não instrumental na antiguidade e no Brasil pré-cabralino. **Iberografias**, v. 11, p. 112-121, 2015.

SANTI, A. et al. Impacto de cenários futuros de clima no zoneamento agroclimático do trigo na região Sul do Brasil. **Agrometeoros**, v. 25, n. 2, p. 303-311, 2018.

SILVESTRE, M. R. et al. Critérios estatísticos para definir anos padrão: uma contribuição à climatologia geográfica. **Revista Formação**, v. 2, n. 20, p. 23-53, 2013.

SCHNEIDER, H.; DA SILVA, C. A. O uso do modelo box plot na identificação de anos-padrão secos, chuvosos e habituais na microrregião de Dourados, Mato Grosso do Sul. **Revista do Departamento de Geografia**, v. 27, p. 131-146, 2014.

DE SOUZA, D. C. F. et al. Zoneamento Agroclimático da Palma Forrageira (Opuntia Sp) Para o Estado de Sergipe. **Revista Brasileira de Agricultura Irrigada**, v. 12, n. 1, p. 2338, 2018.

DE SOUSA, J. W.; DE OLIVEIRA, P. F. Risco climático para o café Conilon (Coffea canephora) nos municípios de Rio Branco, Tarauacá e Cruzeiro do Sul, AC. **Revista Brasileira de Ciências da ~~Amazônia/Brazilian Journal of Science of the Amazon,~~** v. 7, n. 2, p. 31-40, 2018.

STÜLP, M. et al. Caraterísticas agronómicas e rendimento das sementes produzidas na cultura da soja e do milho em sucessão. **Ata Scientiarum. Agronomy**, v. 32, n. 4, p. 651-661, 2010.

TAYT'SOHN, F. C. O. Avaliando a expansão da cana-de-açúcar para a produção de etanol sob cenários de mudanças climáticas na bacia do rio Paranaíba-Brasil. **Biomassa e Bioenergia**, v. 119, p. 436-445, 2018.

THORNTHWAITE, C.W., MATHER, J.R. The water balance. Centerton: Laboratório de Climatologia. **Publicações em Climatologia**, v.8, n.1. 104 p, 1955.

TREFALT, S. et al. Uma forte tempestade de granizo em topografia complexa na Suíça - observações e processos. **Atmospheric Research**, v. 209, p. 76-94, 2018.

WIRÉHN, L. Nordic agriculture under climate change: Uma revisão sistemática dos desafios, oportunidades e estratégias de adaptação para a produção agrícola. **Política de uso da terra**, v. 77, p. 63-74, 2018.

YEE-SHAN, K, et al. Stress e tolerância à seca na soja. In: BOARD, J.E. A comprehensive survey of international soybean research: genetics, physiology, agronomy and Nitrogen Relationship. **Croácia: In Tech**, p. 208-237, 2013.

ZARO, G. C. et al. Análise interanual do rendimento de soja e milho em relação ao déficit hídrico em uma zona de transição entre clima subtropical e tropical. **Australian Journal of Crop Science**, v. 12, n. 4, p. 511, 2018.

Printed by Books on Demand GmbH, Norderstedt / Germany